国家重点研发计划(2017YFC0806100)资助
济南市2018年度“高校20条实施细则”资助类项目资助

纤维复合材加固钢筋混凝土柱和砌体柱轴压特性研究

梅佐云　梁猛　王志　刘超　著

中国矿业大学出版社

内容提要

碳纤维增强复合材料(CFRP)由于具有高强度比和良好的耐久性等优点被广泛应用于混凝土结构加固中，其中一个主要应用是对混凝土柱的加固补强。目前，大部分研究集中在较小尺寸混凝土柱的轴压性能上，而实际工程中大尺寸混凝土方形柱的应用更为广泛，所以由小尺寸柱得到的结论及模型是否同样适用于大尺寸柱是一个非常重要的问题。

本书对CFRP约束混凝土方形柱的尺寸效应进行了全面研究，而且根据Mohr强度理论建立了无尺寸效应的约束混凝土圆柱强度模型和方柱强度模型-Ⅰ、模型-Ⅱ，并发展出考虑尺寸效应影响的方柱强度模型-Ⅱ*。

图书在版编目(CIP)数据

纤维复合材加固钢筋混凝土柱和砌体柱轴压特性研究/梅佐云等著.—徐州：中国矿业大学出版社，2019.4

ISBN 978-7-5646-4375-1

Ⅰ.①纤… Ⅱ.①梅… Ⅲ.①钢筋混凝土柱—承载力—研究 Ⅳ.①TU375.302

中国版本图书馆CIP数据核字(2019)第044929号

书　　名	纤维复合材加固钢筋混凝土柱和砌体柱轴压特性研究
著　　者	梅佐云　梁猛　王志　刘超
责任编辑	杨　洋
出版发行	中国矿业大学出版社有限责任公司 (江苏省徐州市解放南路　邮编221008)
营销热线	(0516)8388413　83885105
出版服务	(0516)83885789　83884920
网　　址	http://www.cumtp.com　**E-mail**:cumtpvip@cumtp.com
印　　刷	江苏凤凰数码印务有限公司
开　　本	787×1092　1/16　**印张** 6.25　**字数** 150千字
版次印次	2019年4月第1版　2019年4月第1次印刷
定　　价	36.00元

本书撰写委员会

梅佐云　山东省建筑科学研究院
梁　猛　山东省建筑科学研究院
王　志　山东省济南市工程质量与安全生产监督站
刘　超　山东省济南市工程质量与安全生产监督站
宋晓光　山东省建筑科学研究院
倪晓雯　山东省建筑科学研究院
刘振栋　山东省建筑科学研究院
李长青　山东省建筑科学研究院
刘　坤　山东省建筑科学研究院
刘　鹏　山东省建筑科学研究院
郑　岩　山东省建筑科学研究院
孙开科　山东省建筑科学研究院
李明飞　山东省建筑科学研究院
杨兆鹏　山东省建筑科学研究院
王淞波　山东省建筑科学研究院
宋　伟　山东省建筑科学研究院
刘国辉　山东建筑大学工程鉴定加固研究院
宋　杰　山东省建筑科学研究院

前　言

纤维增强复合材料(FRP)由于具有高强度比(强度与质量之比)和良好的耐久性等优点被广泛应用于混凝土结构和砌体结构加固中，其中一个主要应用是对混凝土柱和砌体柱的加固补强。目前，工程中砌体柱尺寸往往过大，可以不考虑尺寸效应影响，但对于混凝土柱，大部分研究集中在较小尺寸混凝土柱(如 ϕ150 mm×300 mm 圆柱体和边长为 150 mm 的方柱)的轴压性能上，而且提出的模型也主要是建立在小尺寸柱试验数据基础上的，而实际工程中大尺寸混凝土方形柱的应用更为广泛，所以由小尺寸柱得到的结论及模型是否同样适用于大尺寸柱，即 FRP 约束混凝土柱的强度、极限应变和应力—应变关系等是否具有尺寸效应，是一个非常重要的研究课题。虽然有学者对 FRP 约束混凝土圆柱和方柱进行了尺寸效应研究，但目前尚没有明确统一的结论，尤其是对于混凝土方柱，而且没有对柱的强度比 f'_{cc}/f'_{co}、应变比 $\varepsilon_{cc}/\varepsilon_{co}$ 和归一化的应力—应变关系等进行全面的讨论。本书对碳纤维增强复合材料(CFRP)约束混凝土方形柱的强度、极限应变和应力—应变关系的尺寸效应进行了全面研究，详细讨论了 f'_{cc}/f'_{co}、$\varepsilon_{cc}/\varepsilon_{co}$ 和应力—应变关系，简要分析了方柱的体积应变；根据 Mohr 强度理论建立了无尺寸效应的 FRP 约束混凝土圆柱理论强度模型和方柱强度模型-Ⅰ、模型-Ⅱ，并在模型-Ⅱ基础上发展了考虑尺寸效应影响的方柱强度模型-Ⅱ*。

本书的主要研究工作如下：

(1) 对 30 个不同尺寸的混凝土方形柱(26 个 CFRP 布约束方柱，4 个对比方柱)进行了强度、极限应变和应力—应变关系的尺寸效应研究，方柱包括 100 mm×100 mm×300 mm、200 mm×200 mm×600 mm、300 mm×300 mm×900 mm 和 400 mm×400 mm×1 200 mm 4 种尺寸，方柱侧向约束水平分为强、中等、较弱和最弱四种情况，每种约束水平下不同尺寸方柱的侧向约束力是相同的。

试验结果表明：

① 随着侧向约束的增加，方柱抗压强度的尺寸效应减弱，当侧向约束比($f_{l,e}/f'_{co}$)为 0.15 左右时，方柱强度的尺寸效应基本不存在；方柱轴向极限应变的尺寸效应受混凝土柱侧向约束的影响较小；当侧向约束水平为中等程度时

（即 $f_{l,e}/f'_{co}=0.122$），方柱应力—应变关系的尺寸效应基本不存在。

② 通过对 CFRP 布连续缠绕和分层缠绕方柱的强度及变形能力进行比较，发现连续包裹 CFRP 混凝土柱的加固效果更加明显。

③ 由本试验可以看出，方柱在侧向约束情况下，CFRP 布的应变有效系数 $k_{\varepsilon}=0.47$，即 CFRP 布对钢筋混凝土方柱的侧向约束效率约为 CFRP 条形拉伸应力值（Coupon test）的 47%。

（2）基于 Mohr 强度理论，提出了 FRP 约束混凝土圆柱的理论强度模型，然后将方柱角部影响系数（$2r_c/B$）作为参数加入到上述圆柱模型中，得到多项式形式的方柱强度模型-Ⅱ。通过与其他圆柱和方柱强度模型的比较发现，本书提出的 FRP 约束混凝土圆柱强度模型和方柱模型-Ⅰ具有较高的预测水平。

（3）基于 Mohr 强度理论，推导了幂函数形式的 FRP 约束混凝土圆柱强度模型，再将考虑试件尺寸的参数加入模型得到方柱强度模型-Ⅱ，最后根据现有试验数据得到考虑尺寸效应影响的理论强度模型-Ⅱ*。本书考虑尺寸效应影响的模型-Ⅱ*适用范围较广，混凝土方柱截面尺寸 $B=70\sim914$ mm、$f'_{co}=10.0\sim55.2$ MPa 范围内的混凝土强度可以进行较好地预测。

（4）本书砖砌体方柱抗压强度未考虑尺寸效应，以侧向约束比 0.22 为界限，得到约束较强和较弱情况下的砌体方柱抗压强度模型公式，可以对目前工程中常见尺寸的砖砌体方形柱的抗压强度进行较好地预测。

本书的研究和出版得到国家重点研发计划（2017YFC0806100）和济南市 2018 年度“高校 20 条实施细则”资助类项目的资助和支持，在此表示感谢。

作　者

2018 年 10 月

Preface

Fiber reinforced polymer (FRP) composites have been increasingly applied to strengthen concrete structures due to their high strength-to-weight ratio and high corrosion resistance. One important application of FRP is the rehabilitation and strengthening for the concrete columns and masonry columns. Size effect has not been considered for axial behavior of masonry columns owing to the modest dimensions. At present, most investigations focus on the axial behavior of small size concrete cylinders (e. g. ϕ150 mm × 300 mm) and square columns (e. g. 150 mm section length), as well as models developed on test data of such size columns. However, large size concrete columns are more popularly used in practical engineering. It is unclear whether the conclusions and models developed on small scale columns are appropriate for large scale columns. Therefore, size effect of FRP-confined concrete columns in axial compression is still an open issue. Although some investigators studied how cylinder and square column's size affects the compressive behavior, the consensus and definite conclusion have not been made so far. For reinforced concrete (hereinafter referred to RC) square columns, comprehensive analysis including strength gain f'_{cc}/f'_{co} and ductility $\varepsilon_{cc}/\varepsilon_{co}$ has not been conducted yet. This paper aims to clarify the size effect of carbon fiber reinforced polymer (CFRP)-confined RC square columns in axial compression, including the influence of column size on f'_{cc}/f'_{co} , $\varepsilon_{cc}/\varepsilon_{co}$ and stress-strain relationship as well as volumetric strain. Subsequently, theoretical models of FRP-confined cylinders and square columns including Model-Ⅰ and Model-Ⅱ are proposed based on the Mohr strength theory. A size-dependent strength model, Model-Ⅱ*, is developed through improving Model-Ⅱ. The research results in this post doctor report are as follows:

(1) A total of 26 CFRP-confined and 4 unconfined RC square columns were conducted in this experiment. All the columns have four sizes including 100 mm×100 mm×300 mm, 200 mm×200 mm×600mm, 300 mm×300 mm ×900mm, and 400 mm×400 mm×1200mm. The lateral confining levels contains heavily-, medium-, lightly- and minimum lightly-confined level The same lateral confining stress is provided for each prism specimen under the same confining level. The test results indicate that:

(a) Size effect on compressive strength of RCsquare columns decreases with the increase of lateral confinement. The strength of CFRP-confined RC square columns exhibits no size effect when the lateral confining ratio $f_{l,e}/f'_{co}$ $\geqslant 0.15$. The specimen sizes have little influence on ultimate axial strain. The stress-strain relationship of prism specimens basically reveals no size effect when the lateral confining ratio $f_{l,e}/f'_{co}=0.122$.

(b) The strengthening effect for specimens with continuous CFRP-wrapping is more significant than that with separate wrapping.

(c) This research reflects that the strain efficiency factor for CFRP jackets of square columns is 0.47.

(2) A theoretical strength model of FRP-confined circular columns is proposed based on Mohr strength theory. The strength model-Ⅰ having a polynomial form for RC square columns is developed via the addition of the shape factor, $2r_c/B$, in the above circular column strength model. The strength models of circular and square columns have better prediction performance compared with the existing models of cylinders and prisms.

(3) A theoretical strength model of FRP-confined circular columns with the form of power function is proposed based on Mohr strength theory. The strength model-Ⅱ for RC square columns is developed via the addition of the shape factor, $2r_c/B$, in the above circular column strength model. Based on the above model-Ⅱ, the size-dependent model-Ⅱ* for RC square columns is developed via the experimental data regression. The model-Ⅱ* is in good agreement with the test data covering the range of side length $B = 70 \sim 914$ mm and the unconfined concrete strength $f'_{co}=10.0 \sim 55.2$ MPa.

(4) An empirical strength model for masonry prisms regardless of size effect is developed in this book. According to a threshold value, 0. 22, of lateral confining ratio, the proposed strength model can be employed for the case of heavily-confined level ($f_{l,e}/f'_{co} \geqslant 0.22$) and for the lightly-confined level ($f_{l,e}/f'_{co} < 0.22$), respectively. The model can provide better performance for the masonry prisms applied in the engineering projects.

This investigation wasfunded and supported by "National Key R&D Program of China(2017YFC0806100)" and "Twenty Regulations for Universities of Jinan city in 2018". The writers would like to acknowledge the support of the above projects' fundings.

Author
Oct,2018

目　录

第1章　绪　　论

1.1　课题研究的背景和意义

钢筋混凝土(Reinforced concrete,简称 RC)结构由于受力性能较好早已在土木工程中广泛使用。然而部分钢筋混凝土结构由于存在施工质量问题,改变使用用途,或者受地震、火灾、冻融循环、干湿交替、氯离子侵蚀等影响,达不到设计承载力而必须对结构物进行加固补强。在众多加固方法中,外包纤维增强复合材料(Fiber reinforced polymer,简称 FRP)加固法以其便捷的施工、耐腐蚀性和不占用建筑空间等优点被广泛应用于建筑工程中。由于柱是结构中的主要承力构件,所以采用 FRP 对混凝土柱的加固是一种常见和有效的加固方法,加固后柱的强度和变形能力获得了显著提高[1,2]。由于建筑工程中常采用方形截面混凝土柱,所以对 FRP 加固混凝土方柱的轴压受力性能研究是必要的。

近些年来,很多学者提出了 FRP 约束混凝土柱的抗压强度、极限应变和应力—应变关系的模型,但考虑到加载设备的最大加载能力和试验成本等问题,大多数学者仅将研究重点放在了小尺寸约束混凝土柱(柱试件边长或直径较多采用 150 mm)的轴压性能上,但实际工程中混凝土柱的边长或直径往往较大,因此轴向荷载作用下 FRP 约束混凝土柱是否存在尺寸效应,即在小尺寸柱试验数据基础上发展的模型是否同样适合于大尺寸柱,是一项值得研究的课题。

首先,明确本研究提到的 FRP 约束混凝土柱轴压行为的尺寸效应,均是指在每个混凝土柱所受的侧向约束力 f_l 相等的条件下研究的,如式(1-1)所示:

$$f_l = \kappa_a \cdot \frac{2E_f t_f \varepsilon_f}{B} \tag{1-1}$$

式中　κ_a——钢筋混凝土柱的外形系数,圆形柱系数 $\kappa_a = 1$;

B——柱边长,圆柱时边长 B 取直径 D;

E_f,t_f——FRP 的弹性模量和厚度;

ε_f——FRP 的极限拉伸应变,这里认为当加载条件和情况相同时,FRP 的拉断应变值 ε_f 是相等的。

由式(1-1)可知:

首先,只要外包 FRP 厚度(或层数)与柱边长的比值(t_f/B)为定值,FRP 对柱的侧向约束力 f_l 都相等。

其次,明确本研究提到的约束钢筋混凝土柱轴压力学行为尺寸效应的指标采用强度比

f'_{cc}/f'_{c0}、极限应变比 $\varepsilon_{cc}/\varepsilon_{c0}$ 和归一化的应力—应变关系($\sigma_c/f'_{c0}-\varepsilon_c/\varepsilon_{c0}$)，其中 f'_{c0} 和 ε_{c0} 分别为未约束素混凝土柱的抗压强度和对应的应变，f'_{cc} 和 ε_{cc} 分别为 FRP 约束柱的抗压强度和极限应变，σ_c 和 ε_c 为约束柱在任意时刻的应力和应变。

最后，FRP 材料中的碳纤维增强复合材料(Carbon FRP，简称 CFRP)以其较高的抗拉强度和弹性模量在各类型的 FRP 中获得最为广泛的应用，所以本研究对 CFRP 约束钢筋混凝土方柱轴压性能的尺寸效应进行研究。

1.2 国内外研究现状及分析

1.2.1 FRP 约束混凝土柱轴压性能尺寸效应的试验研究

由式(1-1)可知，FRP 对混凝土圆形截面柱的侧向约束较为均匀，其受力分析相对简单，因此 FRP 约束混凝土圆形柱轴压性能的尺寸效应首先得到了研究。M. Thériault 等[3]研究了玻璃纤维复合材料(Glass FRP，简称 GFRP)及 CFRP 约束素混凝土圆柱的尺寸效应和长细比效应。试验结果发现：直径 $D=152$ mm 和 $D=304$ mm 的 CFRP 约束混凝土圆柱(分别外包 2 层和 4 层 CFRP)的强度不存在尺寸效应；而直径 $D=51$ mm 的 GFRP 约束混凝土圆柱的强度存在明显的尺寸效应，原因是如此小尺寸的圆柱存在附壁效应[4]，导致小尺寸柱强度的提高程度明显高于其他尺寸的柱。M. N. Youssef 等[5,6]研究了 GFRP 约束素混凝土圆柱强度和极限应变的尺寸效应，圆柱直径分别为 152 mm 和 406 mm，分别外包 3 层和 8 层 GFRP。结果发现：大尺寸圆柱的强度比 f'_{cc}/f'_{c0} 和极限应变比 $\varepsilon_{cc}/\varepsilon_{c0}$ 明显小于小尺寸圆柱，原因是大尺寸圆柱的 GFRP 布环向拉断应变远小于小尺寸圆柱的环向应变，造成大尺寸圆柱较早破坏。Y. F Wang 等[7]对芳纶纤维复合材料(Aramid FRP，简称 AFRP)约束混凝土柱的尺寸效应进行了研究，圆柱直径包括 70 mm、105 mm 和 194 mm。试验结果表明：AFRP 约束混凝土柱的尺寸对柱的破坏形态和应力—应变关系影响不明显，但对柱抗压强度的影响较为显著。

试件尺寸没有对 FRP 约束素混凝土圆柱轴压性能产生影响的研究有：M. Liang 等[8]、F. Y. Yeh 等[9]和 H. M. Elsanadedy 等[10]所做的研究，这些研究中的圆柱直径在 50～450 mm 范围内，试件全部采用 CFRP 约束。其中 M. Liang 等[8]系统地考察了约束圆柱的强度比 f'_{cc}/f'_{c0}、极限应变比 $\varepsilon_{cc}/\varepsilon_{c0}$ 和归一化的应力—应变关系($\sigma_c/f'_{c0}-\varepsilon_c/\varepsilon_{c0}$)，发现上述性能没有尺寸效应，而且不同尺寸圆柱的 CFRP 环向拉断应变值也比较接近，同时根据无尺寸效应的结论，提出了精度较高的 FRP 约束圆柱的应力—应变关系分析模型。除了研究素混凝土圆柱直径变化带来的尺寸效应外，M. Thériault 等[3]和 M. A. G. Silva 等[11]研究了约束素混凝土圆柱高度变化(即长细比效应)带来的尺寸效应，试验分别发现 CFRP 布和 GFRP 管约束的素混凝土圆柱强度及应力—应变关系基本不受试件高度的影响。

对于 FRP 约束的钢筋混凝土圆柱，M. A. Issa 等[12]、童谷生等[13,14]和黄学杰[15]的研究中发现了柱尺寸对抗压强度的影响，其中 M. A. Issa 等[12]通过数值模拟发现，CFRP 约束的螺旋箍筋混凝土圆柱强度比 f'_{cc}/f'_{c0} 随着圆柱尺寸增大而减小；童谷生等[13,14]和黄学杰[15]

的试验结果显示玄武岩纤维复合材料(Basalt FRP,简称 BFRP)约束钢筋混凝土圆柱的抗压强度存在明显的尺寸效应。

由上述对 FRP 约束混凝土圆形截面柱轴压力学行为的研究可以看出,是否存在尺寸效应目前尚没有形成统一的认识和结论,而轴压下 FRP 约束钢筋混凝土方形柱的尺寸效应,目前只有 Rocca 等[16-18]的研究涉及,其他学者包括专门对 FRP 约束大尺寸钢筋混凝土方柱轴压行为的研究[19,20],则侧重于对钢筋混凝土方柱或者 FRP 约束素混凝土方柱的尺寸效应进行研究[22-32]。

S. Rocca 等[16-18]研究了 22 个 CFRP 约束的中等尺寸和大尺寸的方形和矩形混凝土柱的轴压力学行为,其中方柱截面边长包括 324 mm、457 mm、648 mm 和 914 mm 4 种,倒角尺寸全部为 30 mm,纵筋配筋率全部采用 1.5%,柱外包 CFRP 层数为 2~8 层不等,包裹方式分为全包和部分包裹两种。全部方柱试件中,只有边长 457 mm 柱(包 4 层)和 914 mm 柱(包 8 层)所受的 CFRP 侧向约束力 $f_{l,f}$基本相等,还有部分试件具有近似的侧向约束力。由 Rocca 等的试验数据发现:对于 CFRP 约束方柱的强度比 f'_{cc}/f'_{c0},边长 457 mm 方柱(包 4 层)和 914 mm 方柱(包 8 层)的 f'_{cc}/f'_{c0}由 1.12 略微减小至 1.05,而侧向约束稍小的边长 648 mm 方柱(外包 5 层)的 f'_{cc}/f'_{c0}达到了 1.20,外包 2 层 CFRP 的边长 457 mm 和边长 648 mm 方柱的 f'_{cc}/f'_{c0}却完全相等,为 1.06~1.07;对于轴向应力—应变关系,所有试件的曲线都不接近,甚至差别较大。正如 Rocca 等[18]得出的结论:CFRP 约束钢筋混凝土圆形柱轴压行为的尺寸效应不明显,但方形和矩形的 CFRP 约束钢筋混凝土方柱,由于试验数据偏少和离散,尚无法得出是否具有尺寸效应的明确结论。

H. Toutanji 等[19]和 A. D. Luca 等[20]专门研究了大尺寸的 FRP 约束钢筋混凝土方柱的轴压性能,并将大柱的试验结果与小尺寸方柱数据建立的模型进行比较。H. Toutanji 等[19]研究了边长为 355 mm 的 CFRP 约束方柱的轴压行为,发现由小柱数据建立的应力—应变关系模型不能准确地预测大柱的应力—应变曲线,尤其对曲线峰值后下降段的预测较差,但在已有模型中,L. Lam 和 J. G. Teng 模型[21]的精度是最高的,能够对大柱的强度和应力—应变曲线给出较满意的预测。L. Luca 等[20]研究了边长为 610 mm 的 GFRP 和 BFRP 约束方柱的轴压性能,发现小尺寸柱建立的模型普遍高估了大柱的抗压强度,但若把模型中的圆柱体抗压强度 f'_{c0}换成不同尺寸未约束柱的强度 $0.85f'_{c0}$,各模型的精度会提高很多,尤其 L. Lam 和 J. G. Teng 模型[21]对大柱强度的预测较好。

除了 S. Rocca 等[16-18]、H. Toutanji 等[19]和 L. Luca 等[20]的研究,其他研究主要集中在钢筋混凝土方柱或者 FRP 约束素混凝土方柱的轴压尺寸效应上。在钢筋混凝土方柱力学行为的尺寸效应研究方面,Z. P. Bažant 等[22]、M. Brocca 等[23]和 J. Němceek 等[24]对钢筋混凝土方柱偏心受压力学行为的尺寸效应进行了研究,这些研究均发现:随方柱截面尺寸和长细比的增大,柱的破坏方式发生改变,抗压强度减小,对于应力—应变关系应力峰值后的下降段部分,随方柱尺寸增大,下降段的陡峭程度变大。方柱破坏方式、强度和曲线下降段反映了明显的尺寸效应,是由单位体积混凝土中能量释放率的不同造成的[22-24]。S. Şener 等[25]研究了边长为 50 mm、100 mm 和 200 mm 的钢筋混凝土方柱的轴压尺寸效应,柱的长细比包括 9.7、18.0 和 34.7,试验结果发现:试件强度存在尺寸效应,而且随着长细比增加,尺寸效应影响增大，大尺寸混凝土柱的内部缺陷较大，导致柱的尺寸对其强度和应力—应变关系影响显著。国内学者杜修力等[26,27]对不同强度的钢筋混凝土方柱轴压行为的尺寸效应进行了系统研究。杜修力等[26]研究了尺寸（$B\times H$，B 为方形柱边长，H 为柱高）为 200 mm×900 mm、400 mm×1 800 mm 和 600 mm×2 700 mm 3 种尺寸的钢筋混凝土方柱的轴压行为，混凝土强度等级为 C25 和 C30，所有试件采用 0.65%的体积配箍率。试验结果表明：方柱的破坏形态、抗压强度、峰值应变、极限应变和应力—应变关系峰值应力后的软化段，都存在较明显的尺寸效应，即随方柱尺寸的增大，其破坏位置由柱中部向柱端部发展，方柱抗压强度、峰值应变和极限应变逐渐减小，应力—应变关系峰值应力后的软化段更加陡峭。这些结果说明随柱尺寸增大，混凝土内部贮存的能量释放率减小，导致尺寸效应明显。通过对试验结果的分析，杜修力等[26]发现我国《混凝土结构设计规范》（GB 50010—2002）[33]中的正截面受压承载力计算公式未能很好地反映尺寸效应，对于大尺寸柱承载力的预测可靠性降低。杜修力等[27]还对强度等级为 C65 的混凝土方柱的轴压行为进行了研究，试件尺寸（$B\times H$）包含 200 mm×600 mm、400 mm×1 200 mm、600 mm×1 800 mm 和 800 mm×2 400 mm 4 种，所有试件只有纵向钢筋，没有配置箍筋，只在柱端采用钢筋网片加固。试验发现：方柱的破坏形态、抗压强度和峰值应变存在一定的尺寸效应，相比配置箍筋方柱的试验结果[26]，不配箍筋试件的尺寸对力学行为的影响程度偏小。班圣龙[28]对钢筋混凝土方柱的尺寸效应也进行了试验研究，试件尺寸（$B\times H$）包括 108 mm×354 mm、200 mm×630 mm、250 mm×780 mm 和 370 mm×1 140 mm 4 种，结果发现：方柱强度的尺寸效应并不明显，但峰值应变和极限应变的尺寸效应非常显著，而且随配箍率和配箍形式复杂程度的增加，试件尺寸带来的影响程度更加明显。

由上述对钢筋混凝土方形柱轴压行为的研究可以看出：试件尺寸效应对抗压强度、峰值应变、极限应变和应力—应变关系等有着明显的或一定的影响，从下面的 FRP 约束素混凝土方柱尺寸效应的研究中也可得出相近的结论。在以 M. J. Masia 等[29]和童谷生等[30]为代表的 FRP 约束素混凝土方柱轴压性能尺寸效应的研究中，只有方柱尺寸改变，而 FRP 厚度（或层数）不变，使得 FRP 的侧向约束力无法保持相等[由式（1-1）可知]。在 Wang F L 等[31]的研究中，AFRP 约束素混凝土方柱的尺寸（$B\times H$）包括 70 mm×210 mm、105 mm×315 mm 和 194 mm×582 mm 3 种，方柱倒角半径依次为 7 mm、10 mm 和15 mm，外包 AFRP 厚度也相应成比例增加，保持侧向约束力相等。试验发现：按照试件尺寸对其轴压性能的影响程度由弱到强排列，方柱试件的尺寸对破坏形态几乎没有影响，对应力—应变曲线的影响较弱，对方柱的峰值应变和极限应变的影响不太显著，而方柱的峰值应力（即抗压强度）和极限应力具有明显的尺寸效应，当 AFRP 的侧向约束较弱时尤其显著。基于 Z. P. Bažant 的尺寸效应率（简称为 SEL）[34]，F. L. Wang 等[31]和吴寒亮[32]借鉴 J. K. Kim 等[35]对螺旋箍筋约束混凝土圆柱的研究结果，提出当 FRP 对柱的侧向约束比 $f_{l,f}/f'_{c0}>0.67$ 时，约束素混凝土柱的轴压尺寸效应将不存在，即只要柱的侧向有较高的约束，柱的尺寸不会对其轴压性能产生影响，而且基于螺旋箍筋约束混凝土的研究[35]，提出了考虑尺寸效应的 FRP 约束素混凝土圆柱的强度模型。

综上所述，由于混凝土圆柱所受的侧向约束较均匀，且FRP复合材料的极限拉伸应变和弹性模量较大，所以大部分FRP约束圆柱的轴压性能尚无明显的尺寸效应。但方形和矩形柱由于角部尖锐化的影响，柱边长中部没有得到有效约束，故其强度和极限应变等易受试件尺寸的影响。目前，方柱轴压性能的尺寸效应较小，且结论未统一和明确，需要进一步系统研究。

1.2.2 FRP约束砌体柱轴压性能试验和理论研究

国内外学者对FRP加固砌体结构的研究主要集中在对砌体墙片或砖柱的轴心受压和平面内抗剪性能、砌体墙片平面外抗弯性能等方面。

国外学者的相关研究主要包括：1987年，G. Croco等[126]采用聚丙烯编织物对砌体结构进行加固并做了抗剪试验；1997年，M. R. Ehsani等[127]对FRP材料加固砖砌体的抗剪性能进行了试验研究，分析结果表明，粘贴GFRP材料自身抗拉强度和GFRP布的锚固长度对加固砌体的破坏模式和抗剪强度有比较显著的影响。1998年，Thanasisc. Triantafillou[128]对FRP材料加固砌体结构的短期强度建立了系统的数值计算方法。

2004年，Kiang Hwee Tan[129]采用FRP材料对砌体进行平面外抗弯加固试验研究，研究了FRP材料种类、FRP材料的形式及锚固措施的不同对加固墙体的影响，并对试验中出现的四种破坏模式分别给出了极限承载力的计算方法。

2010年Asal Salih Oday[130]采用FRP材料对砖砌体和钢筋混凝土构造柱组合墙加固进行了试验研究，试验中有开洞墙体和未开洞墙体，用FRP材料外粘贴后施加了水平荷载和竖向荷载进行了试验。试验结果表明，FRP加固后组合墙的承载力和变形能力均得到了明显提高。

M. Corradi等[131]对24个CFRP约束的方形和八边形截面黏土砖柱进行轴压试验研究，结果表明，相对于未约束的砖柱，约束构件的极限承载力、刚度和延性获得了明显提高，抗压强度提高范围在100%～250%之间。

Aiello等[132]对33个GFRP约束的实心和空心砌体方形柱进行了研究，通过得到实心和空心砌体方柱的有效约束面积，进而提出砌体方柱的抗压强度和极限应变模型。

Alecci等[133]对19个砌体构件(其中10个构件由CFRP加固)的轴压性能进行了研究，并建立在FRP约束混凝土柱的基础上，提出了FRP约束砌体构件的承载力、延性和刚度系数的公式。

D. Krevaikas等[134]对42个CFRP和GFRP约束黏土砖柱的轴压性能进行了研究，其中黏土砖柱试件的截面长宽比分别为1∶1、1.5∶1和2∶1三种，倒角半径包括10 mm和20 mm两种情况。根据对实验数据的回归和分析，提出了抗压强度和极限应变模型，模型预测精度与试验数据吻合较好。

国内学者的相关研究主要包括：林磊、叶列平等[135]分别采用GFRP布和CFRP布对12片砌体墙的面内受剪性能加固进行了试验研究，探讨了不同加固形式的效果以及受力机理，并对其受剪承载力计算进行了分析，提出了有关计算建议。

黄奕辉等[136]为了研究FRP材料包裹加固砖柱的轴压性能，进行了GFRP布全长包裹加固砖砌体柱和未加固砖柱的轴压试验,试验结果表明,由于GFRP布的约束作用,延缓了砖柱初始裂缝的出现,加固后试件的强度与粘贴层数呈线性关系,并提出了玻璃纤维布包裹加固砖柱的极限强度与峰值应变的计算公式。

刘明等[137]提出了FRP材料加固砌体抗压强度的计算方法,并进行了抗压强度试验。结果表明,FRP布粘贴的砌体抗压强度可提高20%。结论为CFRP布与GFRP布加固砌体的承载力基本相同,选择加固砌体材料时,应重点考虑FRP材料的经济性,且宜选用单层加固。

陈华艳等[138]为研究截面尺寸对GFRP布加固砖柱轴压性能的影响,进行了不同截面尺寸的砖砌体柱经GFRP布全长包裹加固后的轴心受压试验,结果表明:这种加固方式能不同程度地提高砖柱的极限承载力,并随加固层数呈线性变化。

阮积敏[139]对GFRP布加固砌体抗压试件进行试验研究,探讨了GFRP布加固率对抗压承载力的影响。试验结果表明,粘贴GFRP布可以有效提高砌体的抗压承载力。

罗才松[140]通过对GFRP布横向穿洞绑扎加固砖柱进行轴心抗压试验研究,探讨了不同加固方式、加固率、砖柱强度等级等因素对轴心抗压承载力的影响。

由世岐等[141]对GFRP加固实心黏土砖柱的轴压性能进行了试验研究,发现横向粘贴GFRP布能有效提高轴心受压短柱的承载力,柱的延性得到显著改善。

1.2.3 FRP约束混凝土柱强度模型

FRP复合材料约束混凝土柱的强度模型一般分为理论模型、半经验模型和经验模型。理论模型主要通过理论推导或者计算分析得到,经验模型直接对试验数据进行回归分析得到,而半经验模型则介于上述两类模型之间,一般事先设定某种形式的方程,然后采用数据拟合的方法得到方程中的参数,其中理论推导或计算分析的工作比重相对较小。

1.2.3.1 FRP约束混凝土方柱经验强度模型

目前现有的FRP约束混凝土方形柱的经验模型主要有J. I. Restrepo等模型[36]、A. Mirmiran等模型[37]、ACI440模型[38]、L. A. E. Shehata等模型[39]、G. Campione等模型[40]、L. Lam等模型[21]、A. Ilki等模型[41]、Y. A. Al-Salloum等模型[42]、R. Kumutha等模型[43]、M. N. Youssef等模型[6]等。

Restrepo等模型[36]建立在Mander等模型[44]的基础上,其平均抗压强度表达式为:

$$\frac{f'_{cc}}{f'_{co}} = k_c = \alpha_1 \alpha_2 \tag{1-2}$$

式中 k_c——混凝土强度增强系数,依赖于方柱侧向的有效约束力。

参数α_1和α_2表达式如下:

$$\alpha_1 = 1.25\left(1.8\sqrt{1+7.94\frac{f_{l,j1}}{f'_{co}}} - 1.6\frac{f_{l,j1}}{f'_{co}} - 1\right) \tag{1-3}$$

$$\alpha_2 = \left[1.4\frac{f_{l,j2}}{f_{l,j1}} - 0.6\left(\frac{f_{l,j2}}{f_{l,j1}}\right)^2 - 0.8\right]\sqrt{\frac{f_{l,j1}}{f'_{co}}} + 1 \tag{1-4}$$

式中 $f_{l,j1}$,$f_{l,j1}$——x、y方向的较大约束力和较小约束力,x、y方向上的约束力为:

$$f_{1,\mathrm{j}x} = \frac{2nt}{b} k_{\mathrm{s}} f_{\mathrm{j}} \tag{1-5}$$

$$f_{1,\mathrm{j}y} = \frac{2nt}{h} k_{\mathrm{s}} f_{\mathrm{j}} \tag{1-6}$$

式中 h,b——方柱截面的高和宽。

FRP 环箍的约束力 $f_{\mathrm{j}}=E_{\mathrm{frp}}\varepsilon_{\mathrm{j}}$，当处于抗压强度时，$\varepsilon_{\mathrm{j}}$假设为 0.005。$k_{\mathrm{s}}$为形状系数，定义如下：

$$k_{\mathrm{s}} = 1 - \frac{(b-2r)^2 + (h-2r)^2}{3bh(1-A_{\mathrm{s}})} \tag{1-7}$$

式中 r——柱角部半径；

A_{s}——纵筋面积。

A. Mirmiran 等[37]提出了如下方程形式的模型：

$$\frac{f'_{\mathrm{cc}}}{f'_{\mathrm{co}}} = 1 + k_1 k_{\mathrm{s}} \left(\frac{f_1}{f'_{\mathrm{co}}}\right) \tag{1-8}$$

式中 k_1——有效约束系数 $k_1=6.0f_1^{-0.3}$；

k_{s}——形状系数，$k_{\mathrm{s}}=2r/D$，D 对应于圆柱直径、方柱边长和矩形柱的长边长度。

因此，式(1-8)变为：

$$\frac{f'_{\mathrm{cc}}}{f'_{\mathrm{co}}} = 1 + 6.0\left(\frac{2r}{D}\right)\left(\frac{f_1^{0.7}}{f'_{\mathrm{co}}}\right) \tag{1-9}$$

ACI440 模型[38]同样依据 J. B. Mander 等模型[44]得到如下形式：

$$\frac{f'_{\mathrm{cc}}}{f'_{\mathrm{co}}} = -1.254 + 2.254\sqrt{1 + \frac{7.94k_{\mathrm{s}}f_1}{f'_{\mathrm{co}}}} - 2\frac{k_{\mathrm{s}}f_1}{f'_{\mathrm{co}}} \tag{1-10}$$

式中 f_1——约束力。

$$f_1 = \frac{\rho_{\mathrm{f}}\varepsilon_{\mathrm{fe}}E_{\mathrm{FRP}}}{2} \tag{1-11}$$

FRP 体积率 ρ_{f}分为圆柱和矩形柱两种表达式：

$$\rho_{\mathrm{f}} = \frac{4nt}{d} \quad (\text{圆柱}) \tag{1-12}$$

$$\rho_{\mathrm{f}} = \frac{2nt(b+h)}{bh} \quad (\text{方柱}) \tag{1-13}$$

FRP 有效拉伸应变为：

$$\varepsilon_{\mathrm{fe}} = 0.004 \leqslant 0.75\varepsilon_{\mathrm{FRP}} \tag{1-14}$$

矩形柱形状系数为：

$$k_{\mathrm{s}} = 1 - \frac{(b-2r)^2 + (h-2r)^2}{3bh(1-\rho_{\mathrm{g}})} \tag{1-15}$$

式中 ρ_{g}——柱纵筋的配筋率。

该模型规定，除通过试验测定 FRP 约束有效性外，当方柱截面长宽比 $b/h \geqslant 1.5$ 或者截面边长≥900 mm 时，FRP 的侧向约束可以忽略。

L. A. E. Shehata 等[39]提出约束方柱平均强度模型如下：

$$\frac{f'_{cc}}{f'_{co}} = 1 + 0.85\left(\frac{f_l}{f'_{co}}\right) \tag{1-16}$$

式中　f_l——约束力，由 FRP 条形试验的极限拉应变计算确定。

G. Campione 等[40]提出线性模型如下：

$$\frac{f'_{cc}}{f'_{co}} = 1 + 2.0k_s\left(\frac{f_l}{f'_{co}}\right) \tag{1-17}$$

该模型中各参数计算如下：

$$k_s = 1 - \frac{2(1-2r/b)^2}{3[1-(4-\pi)(r/b)^2]} \tag{1-18}$$

侧向约束力 f_l 为：

$$f_l = \frac{2\sigma_j t}{b} \tag{1-19}$$

FRP 的拉力 σ_j 方程形式如下：

$$\sigma_j = f_{FRP}\left[\left(1-\frac{\sqrt{2}}{2}k_i\right)\left(\frac{2r}{b}\right)+\frac{\sqrt{2}}{2}k_i\right] \tag{1-20}$$

式中　k_i——考虑方柱角部影响的折减系数，通过对试验数据进行回归得到 $k_i=0.2121$。

则上式变为：

$$\sigma_j = f_{FRP}\left[0.85\left(\frac{2r}{b}\right)+0.15\right] \tag{1-21}$$

L. Lam 和 J. G. Teng 于 2003 年提出模型[21]如下：

$$\frac{f'_{cc}}{f'_{co}} = 1 + 3.3\left(\frac{b}{h}\right)^2\left(\frac{A_e}{A_c}\right)\left(\frac{f_l}{f'_{co}}\right) \tag{1-22}$$

式中　f_l——侧向约束力，$f_l=\dfrac{2E_f t_f \varepsilon_{h,rup}}{D}$；

$\varepsilon_{h,rup}$——柱环向的 FRP 实际拉断应变值；

E_f，t_f——FRP 的弹性模量和厚度；

D——矩形柱等效直径，$D=\sqrt{h^2+b^2}$，b 和 h 为矩形柱的短边长度和长边长度；

A_e/A_c——形状系数：

$$\frac{A_e}{A_c} = 1 - \frac{(b/h)(h-2r)^2+(h/b)(h-2r)^2}{3A_g(1-\rho_g)} \tag{1-23}$$

式中，$A_g=bh-(4-\pi)r^2$。

A. Ilki 等[41]提出模型如下：

$$\frac{f'_{cc}}{f'_{co}} = 1 + 2.4\left(\frac{f'_{l\max}}{f'_{co}}\right)^{1.2} \tag{1-24}$$

式中　$f'_{l\max}$——最大有效约束力。

$$f'_{l\max} = \frac{\kappa_a \rho_f \varepsilon_{h,rup} E_{frp}}{2} \tag{1-25}$$

式中　$\varepsilon_{h,rup}$——FRP 条形拉伸试验值的 70%，即 $\varepsilon_{h,rup}=0.7\varepsilon_{FRP}$。

对于矩形柱，形状系数为：

$$\kappa_a = 1 - \frac{(b-2r)^2 + (h-2r)^2}{3bh}\tan\theta - \frac{(4-\pi)r^2}{bh} - \rho_g \tag{1-26}$$

式中 θ——拱效应角，$\theta=45°$。

Y. A. Al-Salloum[42]提出方柱斜边长度 $D=\sqrt{2}b-2r(\sqrt{2}-1)$，有效约束系数 $k_1=3.14$，则表达形式如下：

$$\frac{f'_{cc}}{f'_{co}} = 1 + 3.14k_s\left(\frac{b}{D}\right)\left(\frac{f_l}{f'_{co}}\right) \tag{1-27}$$

R. Kumutha 等[43]提出模型如下：

$$\frac{f'_{cc}}{f'_{co}} = 1 + 0.93\left(\frac{f_l}{f'_{co}}\right) \tag{1-28}$$

M. N. Youssef 等[6]根据应力—应变关系硬化段和软化段的不同，将模型表达式列出如下：

$$\frac{f'_{cc}}{f'_{co}} = 0.5 + 1.225\left(\frac{k_s f_j}{f'_{co}}\right)^{0.6} \quad \text{(硬化型)} \tag{1-29}$$

$$\frac{f'_{cc}}{f'_{co}} = 1 + 1.135\left(\frac{\rho_f E_{FRP}\varepsilon_{jt}}{f'_{co}}\right)^{1.25} \quad \text{(软化型)} \tag{1-30}$$

该模型软化型曲线中第一、二段曲线分界处的 FRP 拉应变假设为 0.002，FRP 体积率为：

$$\rho_f = \frac{2nt[(b+h)-(4-\pi)r]}{bh-(4-\pi)r^2} \tag{1-31}$$

Y. F. Wu 等[45]通过对不同倒角半径和不同强度方柱的轴压性能进行研究，得到如下模型：

$$\frac{f'_{cc}}{f'_{co}} = 1 + 2.23\rho^{0.73}\left(\frac{f_l}{f'_{co}}\right)^{0.96} \tag{1-32}$$

式中，约束力 f_l 由 FRP 条形拉伸试验计算得到。

1.2.3.2 FRP 约束混凝土柱理论强度模型(含半经验模型)

目前有部分学者提出了 FRP 约束混凝土圆柱的理论强度模型[8,46-52]。L. Gunawan[46]依据莫尔强度准则[53]，推导了 FRP 约束混凝土圆柱的强度公式，该公式仅在提供了 FRP 环向实际拉断应变的情况下才能准确预测，并且对模型中的参数 $n=2$[见第 3 章式(3-3)]取值并未做出明确合理的解释。

M. Fraldi 等[47]将 FRP 约束圆柱看作功能梯度材料，核心混凝土假定为各向同性材料，圆柱外围 FRP 材料为 n 层各向异性材料，求解过程中将 Schleicher 破坏准则、Intrinsic-curve 破坏准则和 σ—τ 莫尔平面结合使用(莫尔平面的不同象限中，采用不同的混凝土破坏面)，最后采用数值计算方法得到约束混凝土的抗压强度值。

C. Pellegrino 等模型[48]属于半经验强度模型。C. Pellegrino 等认为圆柱侧向约束力由 FRP 和箍筋共同提供，其中箍筋约束力的加权因子为箍筋包络面积与总截面面积的比值，FRP 应变有效系数 k_ε 主要受柱纵筋影响，最后提出配筋和未配筋的圆柱和方柱强度模型，表达形式如下：

对于混凝土圆形柱，有：

$$\frac{f'_{cc}}{f'_{0co}}=1+3.55\left(\frac{P_u}{f'_{co}}\right)^{0.85} \quad (无筋柱) \tag{1-33}$$

$$\frac{f'_{cc}}{f'_{co}}=1+2.95\left(\frac{P_u}{f'_{co}}\right)^{0.60} \quad (配筋柱) \tag{1-34}$$

对于混凝土矩形柱，有：

$$\frac{f'_{cc}}{f'_{co}}=1+2.55\left(\frac{P_u}{f'_{co}}\right)^{0.75}\left[1-2.5\left(0.3-\frac{2r}{b}\right)\right] \quad (无筋柱) \tag{1-35}$$

$$\frac{f'_{cc}}{f'_{co}}=1+1.35\left(\frac{P_u}{f'_{co}}\right)^{0.50}\left[1-2.5\left(0.3-\frac{2r}{b}\right)\right] \quad (配筋柱) \tag{1-36}$$

式中，$P_u=f_{lf}+f_{ls}A_{cc}/A_g$，$A_{cc}$和$A_g$分别为箍筋截面积和柱截面积。

Y. F. Wu 等[49]建立在 Hoek-Brown 岩石破坏准则[54]基础上，推导了 FRP 约束混凝土柱的强度公式，式中的材料参数 m、s 与 f'_t/f'_c 间的方程式由边界条件确定，求得 m 和 f'_t/f'_c 的关系，再通过 FRP 约束混凝土柱的试验数据回归，得到该模型的表达形式：

$$\frac{f'_{cc}}{f'_{co}}=\frac{f_l}{f'_{co}}+\sqrt{\left(\frac{16.7}{f'^{0.42}_{co}}-\frac{f'^{0.42}_{co}}{16.7}\right)\frac{f'_l}{f'_{co}}+1} \quad (圆形柱) \tag{1-37}$$

$$\frac{f'_{cc}}{f'_{co}}=\frac{f_l}{f'_{co}}\rho^{0.85}+\sqrt{\left(\frac{16.7}{f'^{0.42}_{co}}-\frac{f'^{0.42}_{co}}{16.7}\right)\frac{f'_l}{f'_{co}}\rho^{0.85}+1} \quad (方形柱) \tag{1-38}$$

C. S. Lee[50]、T. Pham[51]和 G. Tayfur[52]均通过计算得到 FRP 约束混凝土柱的强度，其中 Lee[50]根据受力平衡和应变协调条件推导 FRP 约束混凝土方形柱的应力—应变关系理论模型，其极限应力点即为方柱抗压强度。T. Pham[51]和 M. Tayfur[52]采用人工神经网络的方法，分别对方形柱、矩形柱的强度、极限应变以及高强混凝土柱的抗压强度进行了预测，通过与部分其他研究人员的模型对比，指出该类计算模型具有较好的预测精度。

1.2.4 FRP 约束混凝土柱应力—应变关系模型

目前已有不少学者提出了 FRP 约束混凝土圆柱和矩形柱的应力—应变关系分析模型和设计模型。

M. R. Spoelstra 等[55]建立在 S. J. Pantazopoulou 等[56]素混凝土的轴向应变—侧向应变模型的基础上，得到 FRP 约束混凝土的剪胀模型：

$$\varepsilon_l(\varepsilon_c,f_l)=\frac{E_c\varepsilon_c-\sigma_c(\varepsilon_c,f_l)}{2\beta\sigma_c(\varepsilon_c,f_l)} \tag{1-39}$$

式中　β——系数，$\beta=\frac{E_c}{f'_{co}}-\frac{1}{\varepsilon_{co}}=\frac{E_c}{\sqrt{f'_{co}}}-500$。

M. R. Spoelstra 等的模型[55]较早地将素混凝土准确的剪胀模型[56]引入 FRP 约束混凝土的应力—应变关系分析模型中，虽然没有验证其合理性，但是 M. R. Spoelstra 等的模型与普通强度混凝土柱和 FRP 弱约束的试验结果比较吻合。

K. A. Harries 等[57,58]对不同尺寸混凝土圆柱在不同复合材料约束下的轴压性能进行了试验研究，并根据试验数据提出了约束混凝土的轴向应变—侧向应变三段式模型：

$$
\begin{cases}
\eta = \nu_0 & (0 \leqslant \varepsilon_c < 0.6\varepsilon_{co}) \\
\eta = \left(\dfrac{\eta_u - \nu_0}{1.4\varepsilon_{co}}\right)(\varepsilon_c - 0.6\varepsilon_{co}) + \nu_0 & (0.6\varepsilon_{co} \leqslant \varepsilon_c \leqslant 2\varepsilon_{co}) \\
\eta = \eta_u & (\varepsilon_c > 2\varepsilon_{co})
\end{cases}
\tag{1-40}
$$

式中 η——系数，$\eta=\varepsilon_l/\varepsilon_c$；

η_u——极限泊松比；

ν_0——混凝土的初始泊松比；

ε_{co}——未约束混凝土抗压强度对应的应变。

考虑到 Popovics 应力—应变模型[59]对于主动约束混凝土峰值后曲线的预测不够准确，K. A. Harries 等采用了 E. Thorenfeldt 等[60]和 M. P. Collins 等[61]对 Popovics 模型的改进模型：

$$
\sigma_c = \frac{f'_{cc}xr}{r - 1 + x^{rk}} \tag{1-41}
$$

式中，$k=(0.67+f'_{co}/62)\cdot(f'_{co}/f'_{cc})\geqslant 1.0$。

S. Samdani 等[62]在大尺寸圆柱的试验中发现，由于柱的直径较大，导致 FRP 布的约束不是强约束，所以柱的应力—应变曲线存在下降段。另外，与小尺寸柱的外包 FRP 布突然拉断不同，大尺寸柱的 FRP 布拉断存在一个渐进的过程，使得大柱的应力—应变关系也出现平台段或者台阶状下降现象。S. Samdani 等将柱的应力—应变曲线出现平台段或下降段，即 FRP 布逐渐拉断的过程等效于 FRP 布层数的折减，如图 1-1 所示。

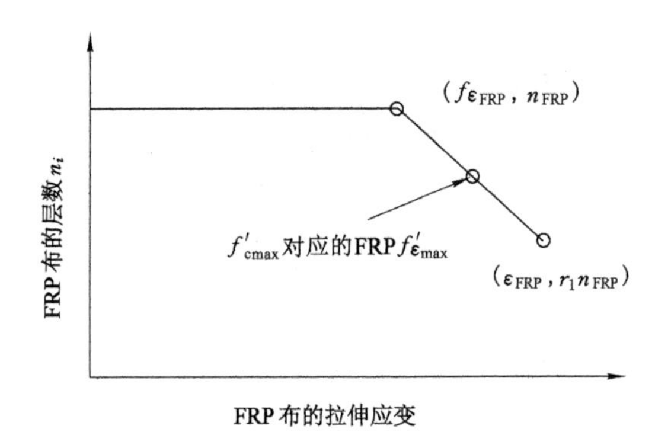

图 1-1 S. Samdani 等模型中 FRP 布逐渐拉断过程的示意图

图 1-1 中，f'_{cmax}为 FRP 约束混凝土柱抗压强度最大值。$f\varepsilon'_{max}$为 FRP 拉伸应变。

图 1-1 中的 FRP 布等效层数可以写成：

$$
n_i = n_{FRP}\left[1 - (1 - r_t)\left(\frac{\varepsilon_{con} - f\varepsilon_{FRP}}{\varepsilon_{FRP} - f\varepsilon_{FRP}}\right)\right] \tag{1-42}
$$

式中 n_i——FRP 布逐渐拉断过程中的等效层数；

n_{FRP}——FRP 的实际外包层数；

ε_{con}——FRP 开始断裂至最终拉断过程中的某个拉伸应变；

ε_{FRP}——Coupontest 测得的应变；

f——FRP 开始断裂时的拉应变与 FRP 条带拉断应变 ε_{FRP} 的比值；

r_t——FRP 布的渐进厚度比，即 FRP 布最终拉断时的环向残余厚度与 FRP 布初始厚度的比值。

S. Samdani 等采用了 V. Punshi 等[63]的研究结果，令系数 $f=r_t=0.5$。至于约束混凝土的剪胀模型，S. Samdani 等选用了 F. J. Vecchio[64]的轴向应变—侧向应变关系：

$$\begin{cases} \nu = \nu_0 = 0.2 & (\varepsilon_c \leqslant 0.60\varepsilon_{co}) \\ \nu = \nu_0\left[1+1.5\left(\dfrac{2\varepsilon_c}{\varepsilon_{co}}-1\right)^2\right] \leqslant \nu_u & (\varepsilon_c > 0.60\varepsilon_{co}) \end{cases} \tag{1-43}$$

式中，

$$\nu_u = -0.418\ln\left(\frac{E_l}{f'_{co}}\right)+1.851 \tag{1-44}$$

S. P. M. Marques 等[65]提出了 FRP 约束混凝土圆柱和矩形柱的应力—应变关系分析模型，该模型采用 S. J. Pantazopoulou 等[56]的素混凝土轴向应变—侧向应变模型，根据 M. R. Spoelstra 等[55]的结果，即单轴压的素混凝土轴向割线刚度随混凝土柱的面积应变($\varepsilon_A=\varepsilon_{l1}+\varepsilon_{l2}$)的增加而减小的结论，得出混凝土轴向力与面积应变 ε_A 的关系：

$$\sigma_c = \frac{E_c}{1+\beta\varepsilon_A^{\psi}} \tag{1-45}$$

$$\beta = \frac{E_c\varepsilon'_c - f'_c}{f'_c}(\varepsilon'_c)^{-\psi} \tag{1-46}$$

$$\psi = \frac{1}{2}\cdot\frac{E_c\varepsilon'_c}{E_c\varepsilon'_c - f'_c}\cdot\frac{\varepsilon'_c-\varepsilon_c^{\lim}}{(1-\nu)\varepsilon'_c-\nu\,\varepsilon_c^{\lim}} \tag{1-47}$$

式中 f'_c，ε'_c——素混凝土的抗压强度及对应的应变。

J. G. Teng 等[66-68]对 FRP 约束混凝土圆柱的应力—应变关系分析模型进行了研究，指出 FRP 约束属于被动约束，其应力—应变曲线不是由不同侧向应力状态下的主动约束混凝土的各点峰值应力连接得到，并基于自己的试验数据提出了轴向应变—侧向应变关系：

$$\frac{\varepsilon_c}{\varepsilon_{co}} = 0.85\left(1+8\frac{\sigma_l}{f'_{co}}\right)\cdot\left\{\left[1+0.75\left(\frac{-\varepsilon_l}{\varepsilon_{co}}\right)\right]^{0.7}-\exp\left[-7\left(\frac{-\varepsilon_l}{\varepsilon_{co}}\right)\right]\right\} \tag{1-48}$$

式中，$\sigma_l=2E_{frp}t_{frp}(-\varepsilon_l)/D$。

当主动约束的侧向应变改变时，σ_l 也相应改变，并将侧向应变定义为负值。J. G. Teng 等[67,68]根据主动约束混凝土的试验数据，回归了主动约束强度模型和极限应变模型：

$$\frac{f'^{*}_{cc}}{f'_{co}} = 1+3.5\frac{\sigma_l}{f'_{co}} \tag{1-49}$$

$$\frac{\varepsilon^{*}_{cc}}{\varepsilon_{co}} = 1+17.5\left(\frac{\sigma_l}{f'_{co}}\right)^{1.2} \tag{1-50}$$

式中，f'^{*}_{cc} 和 ε^{*}_{cc} 的星号代表了主动约束混凝土的强度和极限应变。

J. G. Teng 等[69]进一步研究了 FRP 约束高强混凝土的应力—应变分析模型，收集了强度 $f'_{co}=51.8\sim126$ MPa 范围内的高强混凝土数据，回归出模型如下：

$$\frac{f'^{*}_{cc}}{f'_{co}} = 1+3.34\left(\frac{f_l}{f'_{co}}\right)^{0.79} \tag{1-51}$$

$$\frac{\varepsilon_{cc}^{*}}{\varepsilon_{co}}=1+18.8\left(\frac{f_1}{f_{co}}\right)^{1.1} \tag{1-52}$$

式中 f_1——主动约束混凝土峰值应力 f'^{*}_{cc} 对应的侧向约束力。

J. G. Teng 等[69]发现普通强度混凝土的轴向应变—侧向应变关系同样适用于高强混凝土，而高强混凝土的强度模型和极限应变模型也适用于主动约束的普通强度混凝土强度和极限应变的预测。

T. G. Rousakis 等[70-72]采用塑性理论研究了 FRP 约束混凝土的轴压性能，发展了具有应变硬化特征的 Drucker-Prager 类模型，模型涵盖了材料的硬化和软化特征。该模型包括 FRP 约束混凝土的屈服面函数和非联合塑性流动法则：

$$F=\sqrt{J_{2D}}+\theta I_1-\kappa=0 \tag{1-53}$$

$$\mathrm{d}\varepsilon^{p}=\mathrm{d}\lambda\frac{\mathrm{d}G}{\mathrm{d}\sigma} \tag{1-54}$$

$$G=\sqrt{J_{2D}}+\alpha(f'_{co},E_1)\cdot I_1/6 \tag{1-55}$$

式中 κ——混凝土的硬化—软化函数；

I_1，J_{2D}——分别为第一应力不变量和第二偏应力不变量；

G——塑性势函数；

α——混凝土的塑性剪胀参数。

其中 κ 和 α 反映了 FRP 约束混凝土的应变硬化和软化行为。

C. S. Lee 等[50]通过 M. M. Attard 等[73]的试验发现，尺寸为 ϕ150 mm×300 mm 圆柱体的单轴应力—应变曲线受到了边界效应的影响，即柱顶和柱底与加载板的摩擦导致峰值后的曲线过于陡峭，真实应力—应变关系应该是峰值后的曲线要略平缓一些。C. S. Lee 等利用素混凝土真实的单轴应力—应变关系，对 S. J. Pantazopoulou 等[56]的素混凝土轴向—侧向应变关系进行了改进，即系数 C 由之前的常数 2 变为与强度相关的函数：

$$\varepsilon_1=-\nu_0\varepsilon_c-\left(\frac{1-2\nu_0}{2}\right)\varepsilon_c^{*}\left(\frac{\langle\varepsilon_c-\varepsilon_{clim}\rangle}{\varepsilon_c^{*}-\varepsilon_{clim}}\right)^{C} \tag{1-56}$$

$$C=0.00725(f'_{co}-20)+1.5 \tag{1-57}$$

式中 ν_0——混凝土的泊松比；

ε_{clim}——素混凝土弹性阶段的极限压应变；

ε_c^{*}——体积应变为零时对应的轴向应变；

$\langle\rangle$——Macaulay 括号。

当混凝土强度范围 f'_{co}=21～110 MPa 时，C=1.5～2.15。

M. Liang 等[8]通过理论分析，得出主动约束混凝土的理论强度模型，然后建立在 C. S. Lee 等[50]的研究基础上，对式(1-54)进行了系数化简，得到了 FRP 约束混凝土圆柱的应力—应变关系模型。

$$\frac{\sigma_{cc}^{(i)*}}{\sigma_c^{(i)}}=\frac{f_1^{(i)}}{\sigma_c^{(i)}}+\sqrt{1+12\frac{f_1^{(i)}}{\sigma_c^{(i)}}} \tag{1-58}$$

$$\varepsilon_1=-0.2\varepsilon_c-6\times10^{-4}\left(\langle\varepsilon_c-0.001\rangle\times10^{3}\right)^{C} \tag{1-59}$$

式中 $\sigma_c^{(i)}$，$\sigma_{cc}^{(i)*}$——分别是 i 时刻的未约束和 FRP 约束混凝土的应力值；

$f_1^{(i)}$——i 时刻 FRP 提供的约束力。

M. Samaan 等[74]根据 R. M. Richard 等[75]的研究，在 1998 年提出了四参数应力—应变关系模型，如图 1-2 和式(1-6)所示：

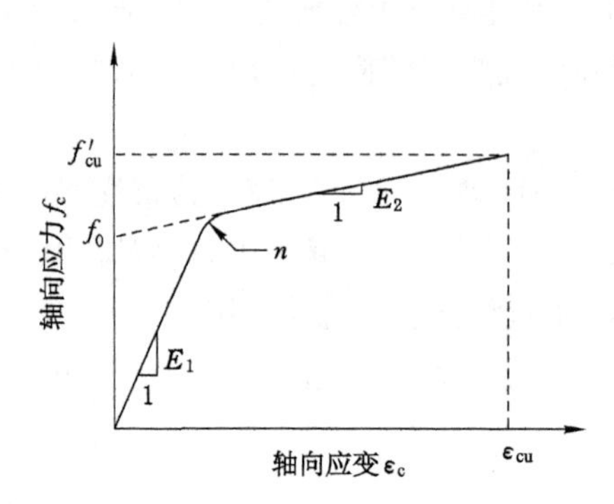

图 1-2　Samaan 等的四参数应力—应变关系模型

$$\sigma_c = \frac{(E_1 - E_2)\varepsilon_c}{\left[1 + \left(\frac{(E_1 - E_2)\varepsilon_c}{f_o}\right)^n\right]^{\frac{1}{n}}} + E_2\varepsilon_c \tag{1-60}$$

式中　n——系数，n 控制两段直线相交处的曲率，值域范围为 2.0～4.0，并且随着混凝土强度的增加而增大；

$E_1 = 3\ 950\sqrt{f'_{co}}$。

E_2、f_o及强度的表达式如下：

$$E_2 = 245.61 f'^{0.2}_{co} + 1.346\frac{E_{frp}t_{frp}}{D} \tag{1-61}$$

$$f_o = 0.872 f'_{co} + 0.371 f_l + 6.258 \tag{1-62}$$

$$f'_{cc} = f'_{co} + 6 f_l^{0.7} \tag{1-63}$$

式中，$\varepsilon_{cc} = (f'_{cc} - f_o)/E_2$。

其他的四参数模型如 M. Shahawy 等[76]、G. Campione 等[40]、T. H. Almusallam[77]和肖岩等[78]主要是依据试验数据对系数 n 进行回归，不同的约束情况对应于不同的 n 值，而于清[79]除了令系数 n=1.5 外，还根据混凝土和 FRP 之间的应变协调关系提出了约束效应系数 $\xi = (A_{frp} \cdot f_{frp})/(A_c \cdot f'_{co})$(其中 A_{frp} 和 A_c 为 FRP 和混凝土的截面积)的概念，并将 ξ 引入式(1-60)中的 E_2 和 f_o，回归得到 $E_2 = 0.25\xi^{0.6}E_1$ 和 $f_o = (1 + 1.1\xi) f'_{co}$。

L. Lam 等[80]提出改进的抛物线加直线的模型，即令纵轴截距 $f_o = f'_{co}$，如图 1-3 所示，使得该类模型更方便应用：

$$\sigma_c = E_c\varepsilon_c - \frac{(E_c - E_2)^2}{4f'_{co}}\varepsilon_c^2 \quad (0 \leqslant \varepsilon_c \leqslant \varepsilon_1) \tag{1-64}$$

$$\sigma_c = f'_{co} + E_2\varepsilon_c \quad (\varepsilon_t \leqslant \varepsilon_c \leqslant \varepsilon_{cu}) \tag{1-65}$$

其中 $E_2 = (f'_{cc} - f'_{co})/\varepsilon_{cu}$。Lam 和 Teng 模型的极限状态表示为：

$$\frac{f'_{cc}}{f'_{co}} = 1 + 3.3\frac{f_{l,j}}{f'_{co}} \tag{1-66}$$

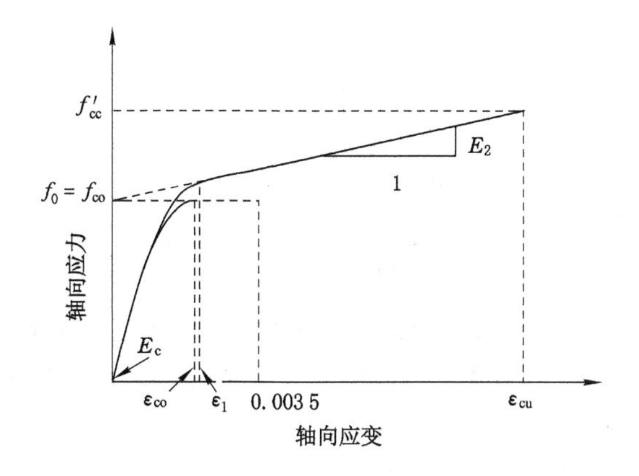

图 1-3 L. Lam 和 J. G. Teng 的应力—应变关系模型

$$\frac{\varepsilon_{cu}}{\varepsilon_{co}} = 1.75 + 12\left(\frac{E_1}{E_{seco}}\right)\left(\frac{\varepsilon_{j,u}}{\varepsilon_{co}}\right)^{1.45} \tag{1-67}$$

J. G. Teng 等[81]对 L. Lam 等模型[80]做出改进，引入了刚度比 $\rho_k = E_1/E_{seco}$，$E_{seco} = f'_{co}/\varepsilon_{co}$。新模型能够对强化和软化的应力—应变关系做出合理预测，当刚度比 $\rho_k \geqslant 0.01$ 时，J. G. Teng 等[81]应力—应变关系与式(1-64)和式(1-65)一致，而当 $\rho_k < 0.01$ 时，下降段曲线的形式为：

$$\sigma_c = f'_{co} - \frac{f'_{co} - f'_{cu}}{\varepsilon_{cu} - \varepsilon_{co}}(\varepsilon_c - \varepsilon_{co}) \tag{1-68}$$

而且混凝土极限应力满足 $f'_{cu} \geqslant 0.85 f'_{co}$。

刘明学等[82]提出抛物线加直线的模型，曲线强化型的模型形式与 L. Lam 等模型[80]基本相同，只是将式(1-64)和式(1-65)中的 f'_{co} 换成截距 f_o，另外拟合了第二段直线的斜率 E_2。刘明学等采用了 270 个圆柱数据对 f_o 和 E_2 进行了回归：

$$f_o = f'_{co} + 0.303 f_l \tag{1-69}$$

$$E_2 = \left(0.02 + 0.08\sqrt{\frac{f_l}{f'_{co}} - 0.18}\right)E_1 \tag{1-70}$$

式(1-70)适用于 FRP 布和环向 FRP 管约束的混凝土柱，E_1 为第一段曲线的初始斜率，式(1-70)只有当 $f_l/f'_{co} \geqslant 0.18$ 时才使用，而当 $f_l/f'_{co} < 0.18$ 时，$E_2 = 0.02E_1$。另外，刘明学等使用单一的抛物线形式来表征软化型的应力—应变关系：

$$\sigma_c = E_1\varepsilon_c - \frac{E_1^2}{4f'_{cc}}\varepsilon_c^2 \tag{1-71}$$

E_1 的含义同式(1-70)。

三折线模型也是较为常见的应力—应变关系模型，代表性模型包括吴刚等[83,84]提出的模型、敬登虎[85]和黄龙南等[86-87]。吴刚等[83-84]提出的三折线型的应力—应变模型，第一阶段对应于未约束混凝土的零点至弹性极限点，第二阶段为未约束混凝土强度附近的过渡区域，第三阶段为 FRP 充分挥发作用阶段，各阶段对应的关键点模型公式为：

$$\begin{cases} \sigma_{c1} = 0.7 f'_{co} & (1\text{-}72) \\ \varepsilon_{c1} = \sigma_{c1}/E_c & (1\text{-}73) \end{cases}$$

$$\begin{cases}\sigma_{c2} = (1+0.0002E_1)f'_{co} & (1\text{-}74)\\ \varepsilon_{c2} = (1+0.0004E_1)\varepsilon_{co} & (1\text{-}75)\end{cases}$$

$$\begin{cases}f'_{cc} = f'_{co} + 2f_1 & (1\text{-}76)\\ \varepsilon_{cc} = \dfrac{\varepsilon_{j,u}}{0.56c_1}\left(\dfrac{f_1}{f'_{co}}\right)^{0.66} & (1\text{-}77)\end{cases}$$

式(1-76)和式(1-77)适用于 FRP 布约束混凝土，且当 $E_{FRP}\leqslant 250$ GPa 时，$c_1=1$，当 $E_{FRP}>250$ GPa 时，$c_1=\sqrt{250/E_{FRP}}$。吴刚等[84]后来发展了应力—应变软化曲线模型，采用 Popovics 模型[59]或者抛物线加下降段直线的模型来描述软化型的应力—应变关系，在其研究中取得了较好的预测效果。

敬登虎[85]发展了三折线模型，当应力—应变关系为应变硬化时，只有双直线表达，当应力—应变关系出现应变软化情况时，在前面双直线模型基础上加下降段直线来表征应力—应变全曲线。黄龙南等[86,87]采用了直线加对数曲线再加直线的三段式模型，使得应力—应变关系模型的过渡区域变得光滑，虽然形式复杂，但是可以较好地描述 FRP 约束混凝土的应力—应变关系。

梁猛等[88]通过回归大量试验数据，获得了预测水平较高的 FRP 约束混凝土圆柱应力—应变关系模型，其中约束混凝土强度 f'_{cc} 和极限应变 ε_{cc} 的预测精度为目前最高(参见第 3 章表 3-2)，应力—应变关系第二段直线斜率 E_2 的预测误差较小。该模型第一段曲线表达形式同式(1-64)和式(1-65)，且纵轴截距 $f_o=f'_{co}$，第二段直线斜率 $E_2=(f'_{cc}-f'_{co})/\varepsilon_{cc}$，则曲线极限点处的表达式为：

$$f'_{cc}/f'_{co} = 1+(2.749-0.012f'_{co})(f_1/f'_{co}) \quad (1\text{-}78)$$

$$\varepsilon_{cc} = \frac{0.129\varepsilon_{f,r}}{f_1^{0.22}}\left(\frac{E_1}{f'_{co}}\right)^{0.80} \quad (1\text{-}79)$$

两段曲线转折点处的应力 σ_t 和应变 ε_t 表达如下：

$$\sigma_t = E_c\varepsilon_t - \frac{(E_c-E_2)^2}{4f'_{co}}\varepsilon_t^2 \quad (1\text{-}80)$$

$$\varepsilon_t = \frac{2f'_{co}}{E_c-E_2} \quad (1\text{-}81)$$

梁猛等提出的模型[88]中的 ε_f 为 FRP 条形拉伸试验(Coupon test)获得，约束力由该应变值计算得到。

1.3 本书的主要工作

综上所述，出于工程中保证钢筋混凝土结构的承载力和延长服役寿命等实际问题的需要，对钢筋混凝土柱的加固补强显得尤为重要，然而混凝土柱的尺寸对柱轴压性能和已有模型预测精度的影响，已经受到了很多学者的关注，所以 FRP 约束混凝土柱轴压性能的尺寸效应成了目前国内外学者研究的热点之一。尽管国内外学者取得了较为理想的成果，但目前尚无 FRP 约束钢筋混凝土方形柱轴压尺寸效应的专门研究，S. Rocca 等[16-18]因为试验数据偏少和离散，还无法得出明确的结论，同时 H. Toutanji 等[19]和 A. D. Luca 等[20]也指出现有的模型不能准确地预测大尺寸的 FRP 约束钢筋混凝土方形柱的轴压力学行为。

因此，本研究首先是对 FRP 约束钢筋混凝土方形柱轴压行为的尺寸效应进行专门的试验研究，试件选择四种尺寸，充分考察尺寸效应在方柱较大尺寸范围内的影响。另外 J. K. Kim 等[35]、Y. F. Wang 等[31]和 M. Liang 等[8]的研究均表明，侧向约束较强会减弱尺寸效应影响，所以本研究将按照方柱侧向强、弱约束的不同程度，考虑试件的四种约束水平，这里方柱的倒角半径与柱边长的比值、配纵筋率和配箍率等全部相同，在所有试件自身和加载条件完全相同的情况下，研究约束钢筋混凝土方柱的尺寸对抗压强度和极限应变的影响。

其次，由于杜修力等[26,27]提出我国《混凝土结构设计规范》(GB 50010—2002)[33]未考虑尺寸效应影响，对大尺寸混凝土柱承载力预测的可靠性降低，因此本研究将基于莫尔强度理论[53]，推导两种方程形式的圆柱强度模型，然后在圆柱模型中加入方柱角部的影响系数，得到方柱模型-Ⅰ和模型-Ⅱ。

最后，利用试验结果和收集到的他人试验数据，在模型-Ⅱ基础上得到考虑尺寸效应的模型-Ⅱ*。

将本书 FRP 约束混凝土圆柱理论强度模型、方柱理论强度模型-Ⅰ、模型-Ⅱ和模型-Ⅱ*与其他模型进行对比，验证了本书理论强度模型的预测水平。

同时，本书通过对砌体柱轴压性能试验数据的回归分析，建立在其他学者的研究基础上，提出了 FRP 约束砌体方柱的抗压强度和极限应变模型。

第2章　CFRP约束钢筋混凝土方柱强度及变形性能的尺寸效应试验研究

2.1　引言

对轴压下FRP约束钢筋混凝土方形柱的尺寸效应研究，目前有S. Rocca等[16-18]的研究涉及，其他学者则包括专门对FRP约束大尺寸钢筋混凝土方柱轴压行为的研究[19-20]，以及FRP约束素混凝土方柱的尺寸效应研究[22-32]。

S. Rocca等[16-18]研究的方柱截面边长包括324 mm、457 mm、648 mm和914 mm 4种，柱外包CFRP层数为2～8层不等，包裹方式分为全包和部分包裹两种。全部方柱试件中，只有边长457 mm柱(包4层)和914 mm柱(包8层)所受的CFRP侧向约束力$f_{l,f}$基本相等，还有部分试件具有近似的侧向约束力。由S. Rocca等的试验数据发现：对于CFRP约束方柱的强度比f'_{cc}/f'_{c0}，边长457 mm方柱(包4层)和914 mm方柱(包8层)的f'_{cc}/f'_{c0}由1.12略微减小至1.05，而侧向约束稍小的边长648 mm方柱(外包5层)的f'_{cc}/f'_{c0}达到了1.20，外包2层CFRP的边长457 mm和边长648 mm方柱的f'_{cc}/f'_{c0}却完全相等，在1.06～1.07之间。对于轴向应力—应变关系，所有试件的曲线都不接近，甚至差别较大。由于试验数据偏少和离散，方形和矩形的CFRP约束钢筋混凝土方柱轴压性能的尺寸效应尚不明确。

H. Toutanji等[19]和A. D. Luca等[20]专门研究了大尺寸的FRP约束钢筋混凝土方柱的轴压性能，并将大柱的试验结果与小尺寸方柱数据建立的模型进行比较。H. Toutanji等发现由小柱数据建立的应力—应变关系模型不能准确地预测大柱的应力—应变曲线，尤其对曲线峰值后下降段的预测较差，但在已有的模型中，L. Lam和J. G. Teng模型[21]的精度是最高的，能够对大柱的强度和应力—应变曲线给出较满意的预测。A. D. Luca等发现小尺寸柱建立的模型普遍高估了大柱的抗压强度，但若把模型中的圆柱体抗压强度f'_{c0}换成不同尺寸未约束柱的强度$0.85f'_{c0}$，各模型的精度会提高很多，尤其L. Lam和J. G. Teng模型[21]对大柱强度的预测较好。

鉴于上述研究尚未对FRP约束钢筋混凝土方形柱的尺寸效应做出系统研究，因此本课题选取不同尺寸的钢筋混凝土方柱试件，并施加不同的侧向约束力，考察CFRP约束方柱尺寸对其强度、极限轴向应变和应力—应变关系等的影响。

2.2　试验概况

2.2.1　试验设计

本试验研究的目的是考察在不同约束水平情况下，不同尺寸钢筋混凝土方形柱的轴压力学性能是否具有尺寸效应，而且随着侧向约束水平的增加，方柱强度、变形和应力—应变关系等的尺寸效应是否减弱或消失。因此，试验设计了 100 mm×100 mm×300 mm、200 mm×200 mm×600 mm、300 mm×300 mm×900 mm 和 400 mm×400 mm×1 200 mm 4 种尺寸的混凝土方形柱，柱的高径比均为 3∶1，方柱试件的纵筋配筋率均为 1.5%，体积配箍率为 0.8%，配筋详图见图 2-1。方柱试件的外包 CFRP 布的层数、倒角半径、钢筋的混凝土保护层厚度及配筋情况等，具体参见表 2-1 至表 2-4，试件数目见表 2-5。

表 2-1　强约束水平下的钢筋混凝土方柱详细情况

方柱尺寸 $B\times H$/mm×mm	外包 CFRP 层数/层	倒角半径 /mm	混凝土保护层厚度 /mm	纵筋配筋	柱中部箍筋配筋
100×300	1	10	7	2Φ6+2Φ8	ϕ4@90 mm
200×600	2	20	14	4Φ14	ϕ6@95 mm
300×900	3	30	21	4Φ14+4Φ16	ϕ8@110 mm
400×1 200	4	40	28	12Φ16	ϕ10@130 mm

表 2-2　中等约束水平下的钢筋混凝土方柱详细情况

方柱尺寸 $B\times H$/mm×mm	外包 CFRP 层数/层	倒角半径 /mm	混凝土保护层厚度 /mm	纵筋配筋	柱中部箍筋配筋
100×300	1	5	7	2Φ6+2Φ8	ϕ4@90 mm
200×600	2	10	14	4Φ14	ϕ6@95 mm
300×900	3	15	21	4Φ14+4Φ16	ϕ8@110 mm
400×1 200	4	20	28	12Φ16	ϕ10@130 mm

表 2-3　较弱约束水平下的钢筋混凝土方柱详细情况

方柱尺寸 $B\times H$/mm×mm	外包 CFRP 层数/层	倒角半径 /mm	混凝土保护层厚度 /mm	纵筋配筋	柱中部箍筋配筋
200×600	1	20	14	4Φ14	ϕ6@95 mm
400×1 200	2	40	28	12Φ16	ϕ10@130 mm

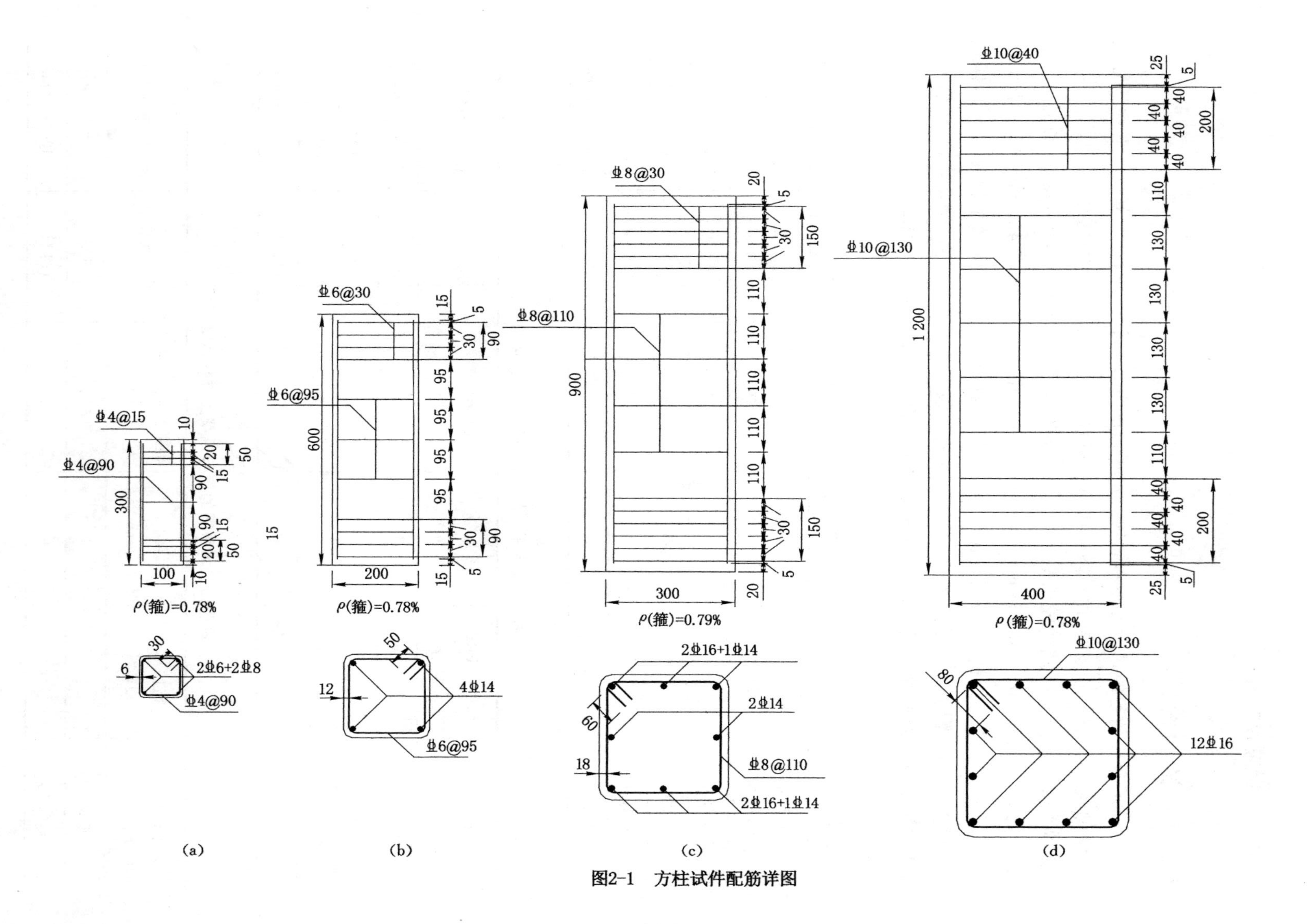

图2-1　方柱试件配筋详图

表 2-4　　最弱约束水平下的钢筋混凝土方柱详细情况

方柱尺寸 $B\times H$/mm×mm	外包 CFRP 层数/层	倒角半径 /mm	混凝土保护层厚度 /mm	纵筋配筋	柱中部箍筋配筋
200×600	1	10	14	4Φ14	ϕ6@95 mm
400×1 200	2	20	28	12Φ16	ϕ10@130 mm

表 2-5　　试件分组数目情况

试件名称	试件尺寸 $B\times H$/mm×mm	约束水平	试件数目
S1	100×300	未约束	1
		中等约束	2
		强约束	3
S2	200×600	未约束	1
		最弱约束	1
		较弱约束	2
		中等约束	2
		强约束	3
S3	300×900	未约束	1
		中等约束	2
		强约束	3
S4	400×1 200	未约束	1
		最弱约束	1
		较弱约束	2
		中等约束	2
		强约束	3
总数	30		

注：强约束水平下的每组试件有 3 个，其中 2 个试件为 CFRP 连续缠绕包裹，第 3 个试件为分层包裹。

上述表 2-1 至表 2-4 中的强、中等、较弱、最弱等约束水平是根据 CFRP 提供的有效侧向约束比 $f_{l,e}/f'_{co}$计算得到的，分别为 0.150、0.122、0.069 和 0.046，这里 $f_{l,e}$为 CFRP 布提供的有效侧向约束力如式(2-1)所示，f'_{co}为 S2 钢筋混凝土方柱在未约束情况下的抗压强度值。

$$f_{l,e}=\kappa_a\cdot\frac{2E_f t_f \varepsilon_{j,u}}{B} \tag{2-1}$$

式(2-1)与式(1-1)基本相同，仅是 CFRP 的极限拉伸应变由 ε_f 变为 $\varepsilon_{j,u}$，ε_f 由条形拉伸试验(Coupon test)获得，$\varepsilon_{j,u}$为 CFRP 套箍中部粘贴的环向应变片测得的平均值。式(2-1)中的形状系数 κ_a 表达式为：

$$\kappa_a=\frac{A_e}{A_c}=1-\frac{2\,(B-2r_c)^2}{3A_g\,(1-\rho_g)} \tag{2-2}$$

式中 A_e,A_c——方柱的有效截面积和总截面积；

A_g——倒角后的方柱截面积，表达式见式(2-3)；

r_c——方柱倒角半径；

ρ_g——纵筋配筋率。

$$A_g = B^2 - (4 - \pi)r_c^2 \tag{2-3}$$

2.2.2 试件制作

混凝土方柱试件采用设计强度为C30的商品混凝土制作，设计配合比为水泥：水：砂：石子=1.00：0.47：2.24：2.53，混凝土的初始坍落度为130 mm。考虑到最小尺寸的方柱只有100 mm×100 mm×200 mm，为保证小柱的骨料能够均匀分布，故粗骨料的最大粒径为10 mm。商品混凝土的组分如下：

水泥：42.5级普通硅酸盐水泥(产地：山东)。

砂子：中砂(产地：泰安)。

石子：粒径为5～10 mm的碎石(产地：济南)。

外加剂：BHD-A。

混凝土方柱试件的模具采用不锈钢制成，较小倒角半径的方柱钢模具采用角钢切割、焊接而成；试件纵向钢筋与箍筋均选取位置粘贴应变片，测试钢筋的受压、受拉应变。浇筑混凝土前，将所有试件模具钻孔，疏通钢筋应变片的导线。所有试件模具内壁刷涂机油，并将100 mm×100 mm×200 mm小柱的钢模具全部焊接固定于整张钢板上，以防浇捣时移位。采用立式浇筑，且选用小型振捣棒，保证截面为100 mm的小柱得到充分振捣，如图2-2至图2-16所示。

图2-2 试件钢筋笼

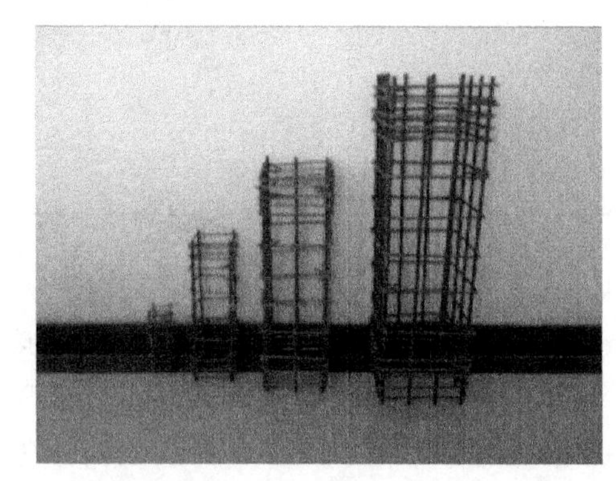

图2-3 不同尺寸试件钢筋笼

方柱体试件制作的同时，留设一组尺寸为150 mm×150 mm×150 mm的立方体和150 mm×150 mm×300 mm的棱柱体试块，分别用来确定立方体抗压强度和混凝土材料的弹性模量。方柱试件和预留试块在室温条件下养护至试验开始，实测28 d混凝土立方体抗压强度为35.7 MPa，混凝土弹性模量为26.3 GPa。

图 2-4　试件木模具

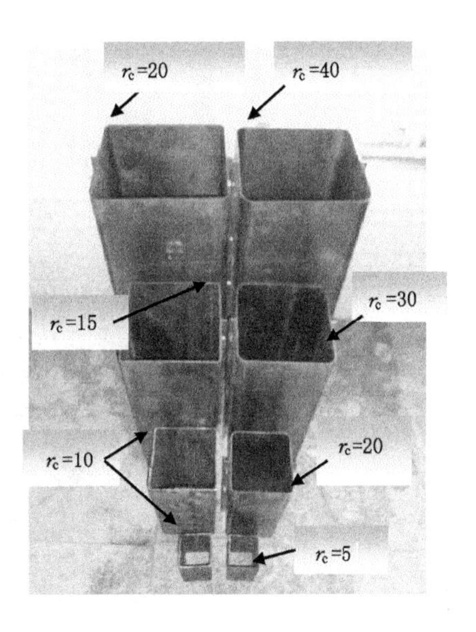

图 2-5　试件不锈钢模具(单位:mm)

图 2-6　粘贴应变片

图 2-7　钢筋笼应变片

图 2-8　钢筋笼应变片近景

图 2-9　不同倒角半径的钢模具

图 2-10　不同倒角半径的钢模具细节

图 2-11　混凝土试件浇筑-Ⅰ

图 2-12　混凝土试件浇筑-Ⅱ

图 2-13　混凝土试件浇筑-Ⅲ

图 2-14　混凝土试件浇筑-Ⅳ

图 2-15　大尺寸混凝土试件养护

图 2-16　中、小尺寸混凝土试件养护

2.2.3　碳纤维布和结构胶的材料特性

本试验选用的 CFRP 布为上海同砼碳纤维布有限公司的单位面积质量 300 g/m^2 的碳布，产品型号为 CFS2-240-017，该碳布由碳纤维丝单向编织而成，碳纤维原丝为日本东丽公司的 T700-12K 原丝，单层纤维布的名义厚度为 0.17 mm，厂家提供的纤维布材料性能见表 2-6。试验过程中，依据我国标准《结构加固修复用碳纤维片材》(GB/T 21490—2008)[89]，将 CFRP 布裁成 230 mm×15 mm(长×宽)的条带状，进行了 CFRP 布的拉伸性能试验，实测数据列于表 2-6。

表 2-6　　CFS2-240-017 型 CFRP 布性能指标

数据来源	拉伸强度/MPa	弹性模量/GPa	极限伸长率/%	名义厚度/mm	单位质量/(g/m^2)
厂家提供	≥3 471	≥240	≥1.7	0.17	300
试验数据	4 250	250	1.7	0.17	300

CFRP 布加固混凝土方柱需要底胶和面胶两种黏结剂，底胶和面胶均为上海同砼碳纤维布有限公司的碳纤维布配套胶，其中底胶由环氧树脂主剂和固化剂构成，面胶由无溶剂环氧树脂主剂和固化剂组成，型号规格为 TTJ。底胶和面胶的 A 和 B 两种组分的配合比均为 A∶B=2∶1，具体参数见表 2-7。

表 2-7　胶黏剂(TTJ)的力学性能

黏结剂型号	性能参数	
TTJ (配合比 A∶B=2∶1)	混合形态	黑色黏稠流质
	适用时间(25 ℃)	40 min
	抗拉强度/MPa	≥40
	抗弯强度/MPa	≥50
	与混凝土的正拉黏结强度/MPa	≥2.5 且为混凝土内聚破坏
	抗压强度/MPa	≥70
	弹性模量/GPa	≥2.5
	伸长率/%	≥1.5

2.2.4　碳纤维布粘贴方法

粘贴碳纤维布前，先用角磨机将混凝土方柱的上、下两个面打磨平整，然后用钢丝刷和砂纸打磨方柱侧表面及角部，去除表层浮浆和油污，并将突出面打磨平整，最后用水除去柱表面浮尘，晾干燥，并将试件表面局部孔洞部位采用水泥砂浆修补，如图 2-17 至图 2-20 所示。

图 2-17　大尺寸混凝土试件表面修补

图 2-18　中、小尺寸混凝土试件表面修补

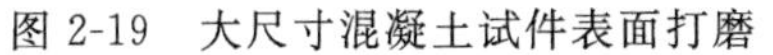

图 2-19　大尺寸混凝土试件表面打磨

图 2-20　中、小尺寸混凝土试件表面打磨

CFRP 布粘贴工艺流程分为以下几个步骤[89]：

(1) 裁剪纤维布：碳纤维布的原始宽度是 500 mm，而 S1、S2、S3 和 S4 方柱的竖向高度分别为 300 mm、600 mm、900 mm 和 1 200 mm，所以为了保证混凝土方柱中部沿轴向方向的纤维布连续且避开钢筋导线，将碳纤维布裁成宽度为 25 mm、50 mm、75 mm、100 mm、150 mm、200 mm、300 mm、350 mm 和 500 mm 的条带，如图 2-21 和图 2-22 所示。

图 2-21　裁剪碳纤维布-Ⅰ

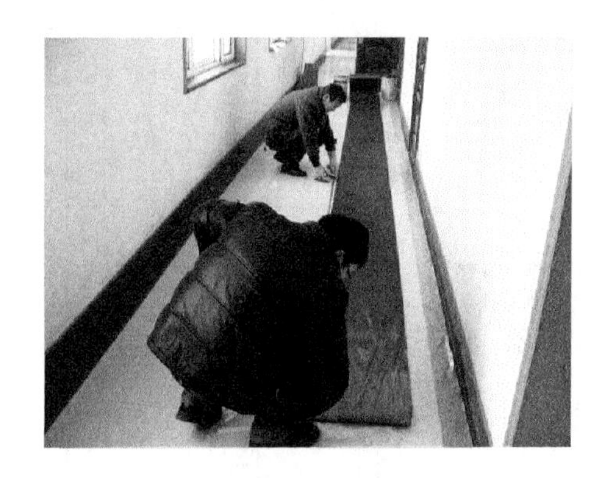

图 2-22　裁剪碳纤维布-Ⅱ

(2) 混凝土粘贴面处理：粘贴 CFRP 布前，由于事先已将混凝土柱的上、下、侧面及角部打磨处理过，所以只需要再次用喷水枪除去混凝土表面浮尘，待完全干燥后用脱脂棉布蘸取丙酮或纯酒精溶液将混凝土柱侧表面擦拭干净并晾置干燥。

(3) 配置修补胶，对粘贴面修补找平：用找平材料将混凝土表面蜂窝、麻面、凹陷部位进行修补和填平，使混凝土表面平整，保证 CFRP 布与混凝土表面的良好接触，等修补胶固化后(指触干燥为宜)进行下一道工序。

(4) 配置底胶，涂底胶：试验所用底胶为 A、B 两种组分，取干净容器并按照配合比(A∶B=2∶1)将两种组分混合搅拌，至胶液体色泽均匀为止。搅拌时沿同一方向，避免混入空气形成气泡，每次配胶量最好控制在 20 min 内用完。用毛刷将搅拌好的底胶均匀涂刷在混凝土方柱表面，不得有漏刷和气泡现象，并用胶盆接住滴下的胶，在底胶尚未指干(40～60 min 为宜)，进行下一道工序。

(5) 配置浸渍胶:浸渍胶也为两种组分的胶,使用电子秤按照配合比(A∶B=2∶1)严格配置浸渍胶,方法与配置底胶相同,配胶时间控制在 20 min 内完成,以少量多次为原则。

(6) 粘贴碳纤维布:用毛刷将浸渍胶均匀饱满地涂刷在混凝土圆柱的侧表面,建议用胶量为 0.75~0.80 kg/m²,然后将 CFRP 布拉紧对齐后粘贴在柱侧表面上,注意 CFRP 布的黑面朝向混凝土,白面朝外,在粘贴纤维布的同时,用辊轮将已包裹好的柱表面沿同一方向压实,直至渗出胶和赶出气泡,使得纤维布和混凝土表面黏结紧密,CFRP 布被浸渍胶充分浸润。粘贴过程中,注意保持 CFRP 布的顺直和平整,不能有皱折和位置轴差,而且在每层 CFRP 布的搭接部分,要用辊轮反复滚压以保证纤维布良好搭接。多层 CFRP 布的粘贴重复上述步骤,待纤维表面指触干燥后进行下一层纤维布的粘贴,并在最外层 CFRP 表面涂刷浸渍胶保护。

(7) 养护:室内常温养护 7 d,待结构胶完全固化后可进行试验。

具体粘贴过程见图 2-23 至图 2-31。

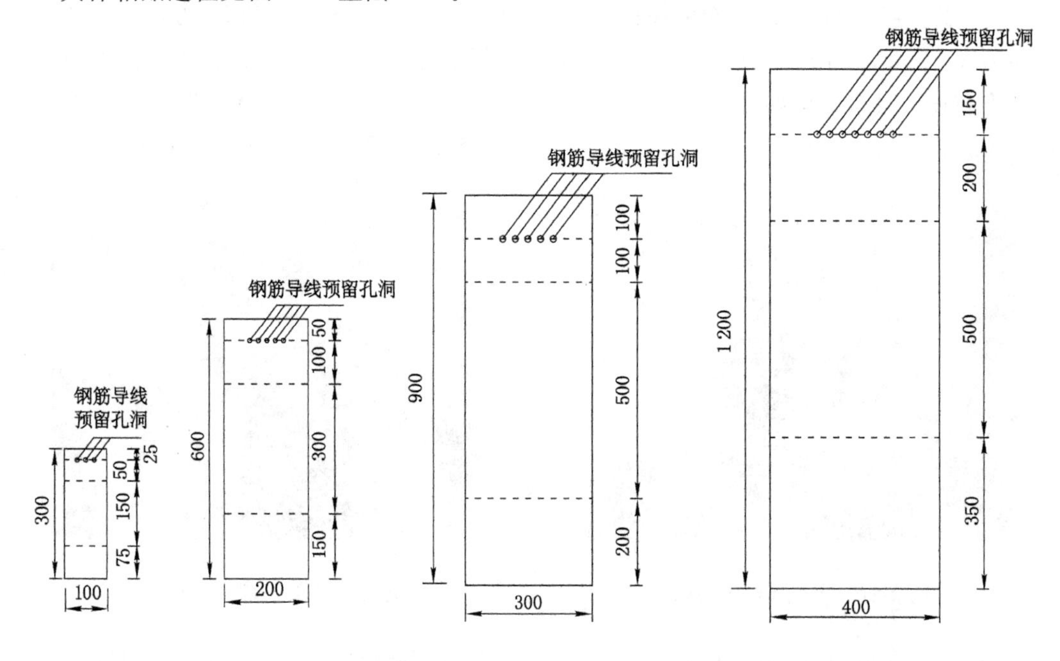

图 2-23 CFRP 布粘贴位置图

图 2-24 碳纤维布用胶 A、B 组分

图 2-25 按比例配胶

图 2-26　涂刷底胶

图 2-27　涂刷面胶

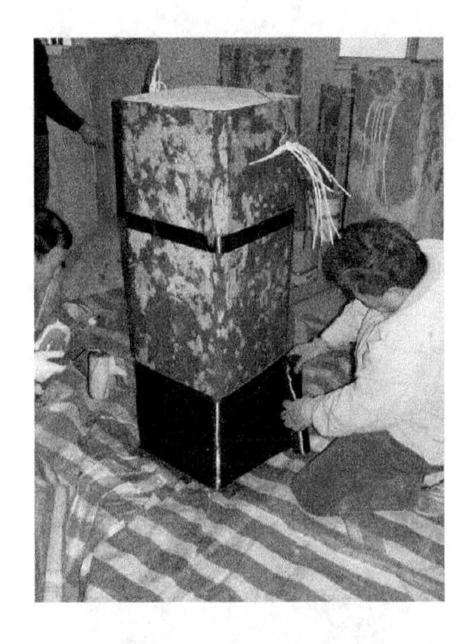

图 2-28　大尺寸柱粘贴碳纤维布

图 2-29　压匀、赶气泡

图 2-30　S2 柱粘贴碳纤维布

图 2-31　S1 柱粘贴碳纤维布

2.2.5 试验装置及加载制度

试验在山东省建筑科学研究院的山东省建筑结构与材料重点实验室进行，主要设备为济南试金集团生产的 YAW-10000F 电液伺服压力试验机（最大试验力 1 000 t），满足该试验的需要。对试件采取减摩措施，在每个混凝土柱试件的顶面和底面上涂刷油脂，减少混凝土柱的上、下两端与试验机加载板的摩擦，尽量保证试件处于单轴受力状态。考虑到不同方柱试件的尺寸相差较大，故采用多套钢架支承千分表，采集方柱试件的轴向变形，柱侧向变形采用千分表测量，试验装置如图 2-32 所示。

(a) (b) (c) (d)

图 2-32 方柱试件试验装置

(a) S1 柱；(b) S2 柱；(c) S3 柱；(d) S4 柱

由图 2-32 可以看到，由于加载过程中柱的中部膨胀变形最明显，所以两个钢架分别固定在距离柱顶、底部 1/4 高度处，而且钢架的螺丝在试验前未完全拧紧，这样可以进一步避免钢架对混凝土柱膨胀的约束。侧向的千分表由表座固定，对称地放置于方柱的侧表面上，可以准确地测量方柱中部的侧向变形。

试验采用连续加载方式直至混凝土柱试件破坏，根据约束混凝土圆柱的强度预测公式[21]，在计算极限荷载的 80%之前采用 4 kN/s 的加载速率，之后加载速率减小为 2 kN/s

直到试件破坏。

2.2.6　数据采集

试验全程采用YAW-10000F电液伺服压力试验机记录荷载和位移，东华DH5922N通用型动态信号测试分析系统（串联2台，共计32个通道）记录钢筋和CFRP布的应变，YAW-10000F试验机的数据采集箱和DH5922N动态信号测试系统之间由数据线连通。主要的数据采集内容如下：

(1) 混凝土柱的轴向荷载、轴向变形和侧向变形。采用YAW-10000F电液伺服压力试验机施加荷载，荷载传感器、千分表反馈试验数据。

(2) CFRP布的环向应变。环向应变片的设置是为了获取CFRP布的环向拉伸应变。正式加载以前，先采取目测方式对试件进行几何对中，然后试压方柱试件至计算极限荷载的30%左右，只有当试件的轴向千分表读数的相对误差在10%以内时，才能重新进行下一步的正式加载，否则要将荷载卸载至零，继续对方柱试件进行物理对中，直至轴向千分表读数的相对误差在容许范围之内。为保证测量范围一致或近似，不同尺寸的试件采用不同敏感栅长度的应变片，具体使用情况详见表2-8。

(3) 钢筋应变。测量纵向钢筋的压缩应变和箍筋的拉伸应变。直径为Φ4和Φ6的钢筋采用敏感栅长度为1 mm的应变片，直径为Φ8、Φ10、Φ14和Φ16的钢筋采用敏感栅长度为2 mm的应变片。

(4) 混凝土应变。未约束混凝土方柱的环向应变片的测点布置与CFRP约束混凝土柱相同。为了获得相同的测量效果，对于截面边长为100 mm、200 mm、300 mm和400 mm的方柱试件，应变片敏感栅长度分别选择为50 mm、100 mm和150 mm(S3和S4规格方柱共用)。

表2-8　　CFRP布环向应变片敏感栅尺寸

<table>
<tr><td rowspan="2">试件规格</td><td colspan="2">100 mm×300 mm柱</td><td colspan="2">200 mm×600 mm柱</td><td colspan="2">300 mm×900 mm柱</td><td colspan="2">400 mm×1 200 mm柱</td></tr>
<tr><td>中部</td><td>角部</td><td>中部</td><td>角部</td><td>中部</td><td>角部</td><td>中部</td><td>角部</td></tr>
<tr><td rowspan="2">敏感栅长度</td><td rowspan="2">10 mm</td><td rowspan="2">5 mm</td><td rowspan="2">20 mm</td><td rowspan="2">5 mm</td><td rowspan="2">30 mm</td><td>5 mm</td><td rowspan="2">50 mm</td><td>10 mm</td></tr>
<tr><td>10 mm</td><td>15 mm</td></tr>
</table>

注：300 mm×900 mm柱和400 mm×1 200 mm方柱角部，根据倒角大小采用不同规格的应变片。

2.3　试验结果及分析

2.3.1　试验现象及破坏形态

对于无约束的混凝土方柱试件，当轴向荷载增加至(30%～40%)N_p时（方柱峰值荷载$N_p=f'_{co}A$，其中f'_{co}为抗压强度，A为方柱截面面积），混凝土柱的侧表面开始出现微小裂缝，随着荷载的增加，微小裂缝逐渐增多；当荷载达到$0.8N_p$时，混凝土柱的数条微裂缝变为明显裂缝，并向柱顶和柱底延伸；当荷载达到N_p时，裂缝迅速贯通全柱，形成劈裂或斜剪破坏。

不同尺寸未约束混凝土方柱的主要破坏形态为劈裂破坏和破坏面为一斜截面的斜剪破坏，另外还有表层混凝土脱落及正倒相接的圆锥破坏。

对于 CFRP 约束混凝土方柱试件，在加载初期阶段，CFRP 布对混凝土方柱几乎没有侧向约束作用，因为此时圆柱的侧向膨胀并不明显；当轴向荷载达到素混凝土峰值荷载 N_p 的 70%～80%时，柱中部混凝土逐渐向外膨胀，可以听到内部混凝土开裂的声音；当轴向荷载达到素混凝土峰值荷载 N_p 时，混凝土柱的膨胀变得显著，CFRP 布开始完全发挥约束作用，能够听到单丝纤维断裂的“噼啪”声，柱中部局部区域的碳纤维布与结构胶之间发生滑移而产生褶皱，并且褶皱处的纤维开始泛白。随着荷载的不断增加，碳纤维拉断的“噼啪”声变得密集，而且可以观察到柱中部的侧向膨胀更加明显，当荷载达到约束混凝土方柱的最大荷载 P_{max}时，CFRP 布突然被拉断，方柱中部压碎，混凝土方柱试件的破坏非常急促，并爆发出巨大的声响。

CFRP 约束混凝土柱的破坏形态主要为 CFRP 布拉断，另外存在少量的 CFRP 布层间破坏，纤维布包的柱中部混凝土被压碎，呈正倒相接的圆锥破坏。具体破坏形式如图 2-33 和图 2-34 所示。

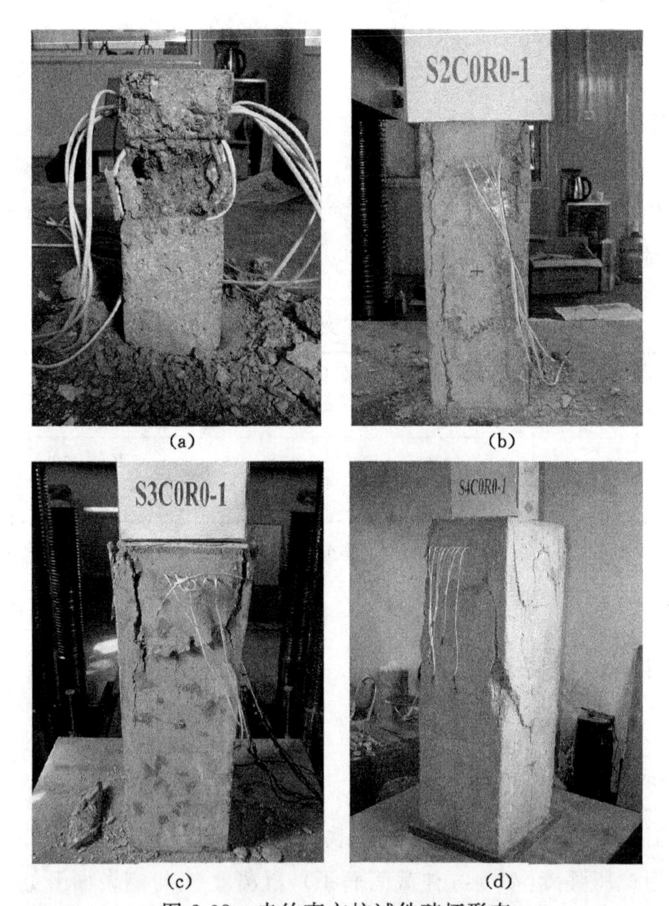

图 2-33　未约束方柱试件破坏形态

(a) 未约束 S1 柱；(b) 未约束 S2 柱；(c) 未约束 S3 柱；(d) 未约束 S4 柱

(a)　(b)　(c)　(d)

图 2-34　CFRP 约束方柱试件破坏形态

(a) CFRP 约束 S1 柱；(b) CFRP 约束 S2 柱；(c) CFRP 约束 S3 柱；(d) CFRP 约束 S4 柱

2.3.2　CFRP 约束混凝土柱抗压强度及极限轴向应变分析

2.3.2.1　FRP 约束混凝土圆形柱抗压强度及极限轴向应变

不少学者已经对混凝土圆形柱强度及变形的尺寸效应进行研究并得到了较多的成果，表 2-9 列出 13 组试验数据，每组数据中的混凝土圆柱试件均受到相同的侧向力约束，其中实际约束比 $f_{l,j}/f'_{co}$是由柱中部粘贴的环向应变片的平均读数来计算的。表 2-9 和图 2-35、图 2-36 中包括 CFRP、GFRP 和 AFRP 三种纤维布约束混凝土柱，圆柱尺寸最小为 ϕ51 mm×102 mm，最大尺寸为 ϕ450 mm×900 mm，混凝土强度范围为 20.6～50.64 MPa。在表 2-9 中，对于未约束混凝土圆柱强度 f'_{co}和对应的应变 ε_{co}，以及实际约束比 $f_{l,j}/f'_{co}$ 3 个值，只有M. Thériault 等[3]、M. N. Youssef 等[5,6]和 M. Liang 等[8]采用了相应尺寸的未约束圆柱强度 f'_{co}和应变 ε_{co}来计算 CFRP 约束圆柱的强度比 f'_{cc}/f'_{co}和应变比 $\varepsilon_{cc}/\varepsilon_{co}$，而且采用柱中部环向拉应变来计算约束比 $f_{l,j}/f'_{co}$。而 F. Y. Yeh 等[9]、Y. F. Wang 等[31]和 H. M. Elsanadedy 等[10]等研究分别采用了尺寸为 ϕ150 mm×300 mm、ϕ105 mm×31 5mm 和

$\phi150$ mm×300 mm 未约束圆柱的 f'_{co} 及 ε_{co} 值来计算约束圆柱的强度比 f'_{cc}/f'_{co} 和应变比 $\varepsilon_{cc}/\varepsilon_{co}$，而且约束比 $f_{l,j}/f'_{co}$ 采用 FRP 名义拉应变值进行计算，FRP 名义拉应变是由厂家提供或由 FRP 条带材料性能试验(即 Coupontest)得到。

表 2-9　　不同尺寸 FRP 约束混凝土圆柱在相同约束力情况下的试验结果

数据来源	尺寸/mm	纤维类型	纤维布层数(t_{frp}/mm)	f'_{co}/MPa	$\frac{f_{l,j}}{f'_{co}}$	f'_{cc}/MPa	$\frac{f'_{cc}}{f'_{co}}$	$\frac{\varepsilon_{cca}}{\varepsilon_{co}}$
M. Thériault 等[3]	ϕ152×304	碳纤维	n=2(0.33)	36.0	0.39	64.0	1.78	—
	ϕ304×608		n=4(0.66)	35.0	0.43	66.0	1.89	
M. Thériault 等[3]	ϕ51×102	玻璃纤维	n=1(1.3)	18.0	1.31	64.0	3.56	—
	ϕ152×304		n=3(3.9)	36.0	0.75	90.0	2.50	
M. N. Youssef 等[5,6]	ϕ152×304	玻璃纤维	n=3(1.68)	43	0.15	67.9	1.58	5.59
	ϕ406×813		n=8(4.48)	44.6	0.06	55.0	1.23	4.81
F. Y. Yeh 等[9](包 1,2,3 层)	ϕ150×300	碳纤维	n=1(0.22)	20.6	0.73	52.7	2.56	8.32
	ϕ300×600		n=2(0.44)			50.1	2.43	7.48
	ϕ450×900		n=3(0.66)			52.6	2.55	8.67
F. Y. Yeh 等[9](包 2,4,6 层)	ϕ150×300	碳纤维	n=2(0.44)	20.6	0.73	71.0	3.45	11.78
	ϕ300×600		n=4(0.88)			71.7	3.49	12.13
	ϕ450×900		n=6(1.32)			68.3	3.31	11.48
Y. F. Wang 等[31](NS—低约束比)	ϕ70×210	芳纶纤维	n=1(0.057)	28.8	0.11	41.8	1.45	1.78
	ϕ105×315		n=1.5(0.072)			41.2	1.43	1.80
	ϕ194×582		n=3(0.143)			33.8	1.18	1.90
Y. F. Wang 等[31](NS—中约束比)	ϕ70×210	芳纶纤维	n=2(0.095)	28.8	0.20	49.6	1.72	2.66
	ϕ105×315		n=3(0.143)			47.8	1.66	2.89
	ϕ194×582		n=6(0.286)			43.9	1.53	2.54
Y. F. Wang 等[31](NS—高约束比)	ϕ70×210	芳纶纤维	n=4(0.191)	28.8	0.40	86.1	2.99	4.72
	ϕ105×315		n=6(0.286)			87.4	3.04	5.68
	ϕ194×582		n=12(0.572)			80.9	2.81	4.62
Y. F. Wang 等[31](HS—低约束比)	ϕ70×210	芳纶纤维	n=1(0.057)	50.6	0.06	66.0	1.30	1.65
	ϕ105×315		n=1.5(0.072)			59.5	1.18	1.36
	ϕ194×582		n=3(0.143)			44.0	0.87	1.47
Y. F. Wang 等[31](HS—中约束比)	ϕ70×210	芳纶纤维	n=2(0.095)	50.6	0.11	72.6	1.43	2.17
	ϕ105×315		n=3(0.143)			62.7	1.24	1.59
	ϕ194×582		n=6(0.286)			58.8	1.16	1.59
Y. F. Wang 等[31](HS—高约束比)	ϕ70×210	芳纶纤维	n=4(0.191)	50.6	0.22	111.4	2.20	2.32
	ϕ105×315		n=6(0.286)			96.0	1.90	1.73
	ϕ194×582		n=12(0.572)			106.0	2.09	1.89

续表 2-9

数据来源	尺寸/mm^2	纤维类型	纤维布层数(t_{frp}/mm)	f'_{co}/MPa	$\frac{f_{l,j}}{f'_{co}}$	f'_{cc}/MPa	$\frac{f'_{cc}}{f'_{co}}$	$\frac{\varepsilon_{cca}}{\varepsilon_{co}}$
H. M. Elsanadedy 等[10]	ϕ50×100	碳纤维	n=1(1)	41.1	0.82	146.2	2.72	4.54
	ϕ100×200		n=2(2)			146.0	2.97	4.27
	ϕ150×300		n=3(3)			144.2	3.51	4.11
M. Liang 等[8]	ϕ100×200	碳纤维	n=1(0.17)	25.9	0.38	64.6	2.49	8.92
	ϕ200×400		n=2(0.33)	22.7	0.42	64.9	2.86	10.39
	ϕ300×600		n=3(0.50)	24.5	0.39	60.5	2.47	8.99

注：表中的 NS 和 HS 分别代表普通强度混凝土和高强混凝土。

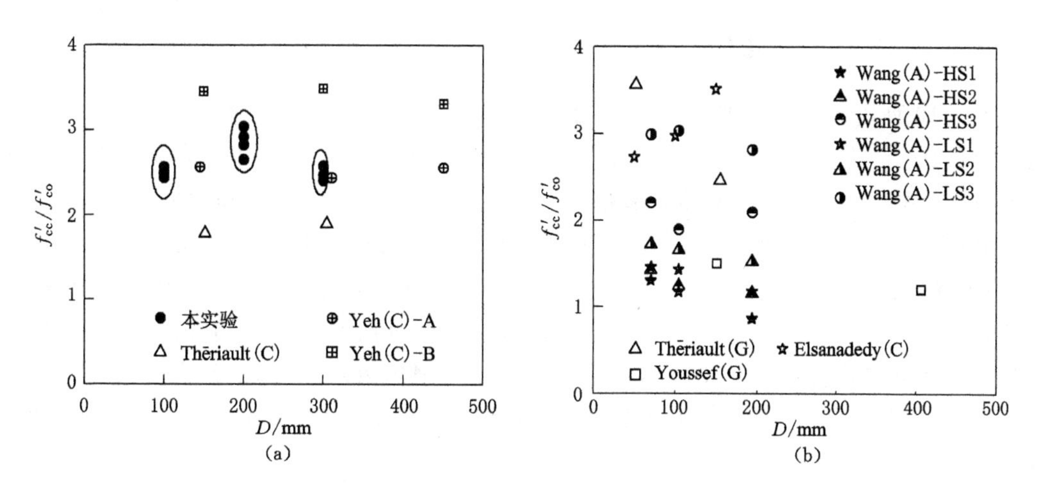

图 2-35　FRP 约束混凝土圆柱尺寸对强度比 f'_{cc}/f'_{co} 的影响

(a) 强度比 f'_{cc}/f'_{co} 不存在尺寸效应；(b) 强度比 f'_{cc}/f'_{co} 存在尺寸效应

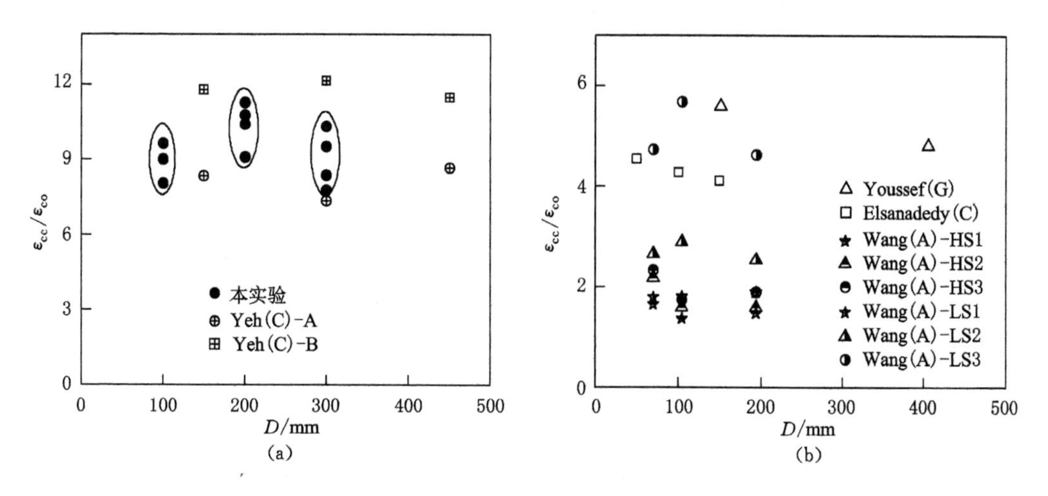

图 2-36　FRP 约束混凝土圆柱尺寸对应变比 $\varepsilon_{cc}/\varepsilon_{co}$ 的影响

(a) 应变比 $\varepsilon_{cc}/\varepsilon_{co}$ 不存在尺寸效应；(b) 应变比 $\varepsilon_{cc}/\varepsilon_{co}$ 存在尺寸效应

表 2-9 中 M. Liang 等[8]的每个试件 $f_{l,j}/f'_{co}$值都是相近的，每组不同尺寸试件的约束比 $f_{l,j}/f'_{co}$的平均值分别为 0.38、0.42 和 0.39，因此可以认为不同尺寸试件所受的约束力是相同的。平均抗压强度 $\overline{f}'_{cc}$对于小尺寸和中等尺寸圆柱试件是相同的，而大尺寸柱的强度略低；平均强度比对小尺寸和大尺寸圆柱试件是相同的，而中等尺寸柱的强度比 f'_{cc}/f'_{co}略高，原因是中等尺寸素混凝土柱的强度 f'_{co}偏低；中等尺寸柱强度比 f'_{cc}/f'_{co}的标准差 SD 值最大，原因是中等柱的强度 f'_{cc}较为离散。大尺寸柱的应变比标准差偏高一些，是因为大柱的极限轴向应变 ε_{cca}由应变片测得，而应变片读数反映的是柱中部的局部应变，所以相比 LVDT 的测量结果，存在较大的离散性。因此，由表 2-9 可知，在约束比为 0.38～0.42 的较高约束水平下，不同尺寸圆柱的强度比 f'_{cc}/f'_{co}和应变比 $\varepsilon_{cc}/\varepsilon_{co}$不存在尺寸效应。

2.3.2.2 CFRP 约束混凝土方形柱抗压强度及极限轴向应变

表 2-10 列出了本研究的试验数据，其中强、中等、弱和最弱约束水平对应的方柱名义侧向约束比 f_l/f'_{co}分别为 0.291、0.233、0.145 和 0.116。表 2-10 中的名义约束比中的约束力 f_l，是由 CFRP 条形拉伸试验值计算所得，见式(1-1)。表 2-10 和图 2-37 显示无约束方柱试件的抗压强度存在明显的尺寸效应，即其抗压强度随试件尺寸的增大而减小；当为最弱约束和弱约束水平时，方柱试件强度平均值 $\overline{f}'_{cc}$随试件尺寸的增大而减小，尺寸效应较为明显；当试件处于中等约束水平时，其强度的尺寸效应趋势减弱，即试件强度与尺寸的趋势线方程斜率 k 减小为－0.013；当为强约束水平时，试件强度与尺寸的趋势线方程斜率 k=－0.003，试件强度的尺寸效应基本消失，仅数据略显离散(相关系数平方 R^2=0.298)。

表 2-10　混凝土方柱试件的轴压试验数据

试件尺寸 $B\times H$ /mm×mm	CFRP 层数/层	约束水平	$\frac{f_l}{f'_{co}}$	f'_{cc} /MPa	$\overline{f}'_{cc}$ /MPa	$\frac{f'_{cc}}{f'_{co}}$	$\frac{f'_{cc}}{f'_{co}}$ 均值	ε_{cca} /%	$\frac{\varepsilon_{cca}}{\varepsilon_{co}}$	$\frac{\varepsilon_{cca}}{\varepsilon_{co}}$ 均值	ε_{ccl} /%	$\frac{\varepsilon_{ccl}}{\varepsilon_{co}}$
S1C0R0 (100×300)	0	无	0	31.86	31.86	—	—	0.501	—	—		—
S1C1R5-1 (100×300)	1	中等	0.233	37.51	37.98	1.34	1.36	1.158	2.52	4.29	－1.775	－3.86
S1C1R5-2 (100×300)	1			38.45		1.38		2.785	6.05		－5.975	－12.99
S1C1R10-1 (100×300)	1			40.38		1.44		2.249	4.89		－1.807	－3.93
S1C1R10-2 (100×300)	1	强	0.291	42.50	41.68	1.52	1.49	1.391	3.02	3.78	－3.378	－7.34
S1C1R10-3* (100×300)	1			42.16		1.51		1.571	3.42		－5.897	－12.82

续表 2-10

试件尺寸 $B\times H$ /mm×mm	CFRP 层数/层	约束水平	$\frac{f_l}{f'_{co}}$	f'_{cc} /MPa	$\overline{f}'_{cc}$ /MPa	$\frac{f'_{cc}}{f'_{co}}$	$\frac{f'_{cc}}{f'_{co}}$ 均值	ε_{cca} /%	$\frac{\varepsilon_{cca}}{\varepsilon_{co}}$	$\frac{\varepsilon_{cca}}{\varepsilon_{co}}$ 均值	ε_{ccl} /%	$\frac{\varepsilon_{ccl}}{\varepsilon_{co}}$
S2C0R0 (200×600)	0	无	0	27.96	27.96	—	—	0.460	—	—		—
S2C1R10 (200×600)	1	最弱	0.116	32.47	32.47	1.16	1.16	0.988	2.15	2.15	−3.323	−7.22
S2C1R20-1 (200×600)	1	弱	0.145	32.40	33.16	1.16	1.19	2.623	5.70	5.31	−3.758	−8.17
S2C1R20-2 (200×600)	1			33.92		1.21		2.258	4.91		−3.425	−7.45
S2C2R10-1 (200×600)	2	中等	0.233	35.10	36.25	1.26	1.30	2.345	5.10	5.68	−5.663	−12.31
S2C2R10-2 (200×600)	2			37.39		1.34		2.880	6.26		−3.170	−6.89
S2C2R20-1 (200×600)	2	强	0.291	42.84	42.88	1.53	1.53	3.047	6.62	5.86	−4.302	−9.35
S2C2R20-2 (200×600)	2			43.60		1.56		2.285	4.97		−3.123	−6.79
S2C2R20-3* (200×600)	2			42.20		1.51		2.754	5.99		−3.819	−8.30
S3C0R0 (300×900)	0	无	0	25.60	25.60	—	—	0.342	—	—		—
S3C3R15-1 (300×900)	3	中等	0.233	37.10	35.50	1.33	1.27	2.799	6.08	5.41	−5.858	−12.73
S3C3R15-2 (300×900)	3			33.89		1.21		2.182	4.74		−7.500	−16.30
S3C3R30-1 (300×900)	3	强	0.291	40.98	41.58	1.47	1.49	2.402	5.22	5.00	−5.331	−11.59
S3C3R30-2 (300×900)	3			41.85		1.50		2.122	4.61		−5.600	−12.17
S3C3R30-3* (300×900)	3			41.91		1.50		2.376	5.17		−5.634	−12.25

续表 2-10

<table>
<tr><th>试件尺寸 $B\times H$ /mm×mm</th><th>CFRP 层数/层</th><th>约束水平</th><th>$\frac{f_l}{f'_{co}}$</th><th>f'_{cc} /MPa</th><th>$\overline{f}'_{cc}$ /MPa</th><th>$\frac{f'_{cc}}{f'_{co}}$</th><th>$\frac{f'_{cc}}{f'_{co}}$ 均值</th><th>ε_{cca} /%</th><th>$\frac{\varepsilon_{cca}}{\varepsilon_{co}}$</th><th>$\frac{\varepsilon_{cca}}{\varepsilon_{co}}$ 均值</th><th>ε_{ccl} /%</th><th>$\frac{\varepsilon_{ccl}}{\varepsilon_{co}}$</th></tr>
<tr><td>S4C0R0
(400×1 200)</td><td>0</td><td>无</td><td>0</td><td>24.04</td><td>24.04</td><td>—</td><td>—</td><td>0.265</td><td>—</td><td>—</td><td></td><td>—</td></tr>
<tr><td>S4C2R20
(400×1 200)</td><td>2</td><td>最弱</td><td>0.116</td><td>28.54</td><td>28.54</td><td>1.02</td><td>1.02</td><td>0.748</td><td>1.63</td><td>1.63</td><td>−2.375</td><td>−5.16</td></tr>
<tr><td>S4C2R40-1
(400×1 200)</td><td>2</td><td rowspan="2">弱</td><td rowspan="2">0.145</td><td>29.11</td><td rowspan="2">29.23</td><td>1.05</td><td rowspan="2">1.05</td><td>1.125</td><td>2.45</td><td rowspan="2">2.42</td><td>−2.991</td><td>−6.50</td></tr>
<tr><td>S4C2R40-2
(400×1 200)</td><td>2</td><td>29.35</td><td>1.04</td><td>1.100</td><td>2.39</td><td>−2.258</td><td>−4.91</td></tr>
<tr><td>S4C4R20-1
(400×1 200)</td><td>4</td><td rowspan="2">中等</td><td rowspan="2">0.233</td><td>34.20</td><td rowspan="2">33.81</td><td>1.22</td><td rowspan="2">1.21</td><td>1.732</td><td>3.77</td><td rowspan="2">3.16</td><td>−5.126</td><td>−11.14</td></tr>
<tr><td>S4C4R20-2
(400×1 200)</td><td>4</td><td>33.41</td><td>1.19</td><td>1.176</td><td>2.56</td><td>−2.394</td><td>−5.20</td></tr>
<tr><td>S4C4R40-1
(400×1 200)</td><td>4</td><td rowspan="3">强</td><td rowspan="3">0.291</td><td>41.82</td><td rowspan="3">40.93</td><td>1.50</td><td rowspan="3">1.47</td><td>2.734</td><td>5.94</td><td rowspan="3">4.96</td><td>−4.461</td><td>−9.70</td></tr>
<tr><td>S4C4R40-2
(400×1 200)</td><td>4</td><td>41.59</td><td>1.49</td><td>2.454</td><td>5.33</td><td>−4.247</td><td>−9.23</td></tr>
<tr><td>S4C4R40-3*
(400×1 200)</td><td>4</td><td>39.37</td><td>1.41</td><td>1.657</td><td>3.60</td><td>−1.990</td><td>−4.33</td></tr>
</table>

注：1. $f_{l,e}$是由 CFRP 布的实际拉断应变计算得到的方形柱侧向约束力，该实际拉断应变值由粘贴于方柱环向 CFRP 布上的环向应变片提供。

2. 试件编号说明：以该表最后一行 S4C4R40-3* 为例，S4 表示截面尺寸为 400 mm 的方柱，C4 表示该柱由 4 层 CFRP 包裹缠绕，R40 代表倒角半径为 40 mm，数字 3 表示该系列方柱的编号，* 表示该柱侧向的 CFRP 为分层包裹缠绕。

3. $\overline{f}'_{cc}$仅对同一约束水平的 CFRP 约束钢筋混凝土方柱的抗压强度求平均值得到，不包括未约束 CFRP 的钢筋混凝土方柱。

4. $\frac{f_{l,e}}{f'_{co}}$、$\frac{f'_{cc}}{f'_{co}}$中的 f'_{co}，以及$\frac{\varepsilon_{cca}}{\varepsilon_{co}}$和$\frac{\varepsilon_{ccl}}{\varepsilon_{co}}$中的 ε_{co}均为 S2 系列方柱(即 200 mm×200 mm×600 mm)在未约束 CFRP 情况下的强度及对应的应变，即 $f'_{co}=27.96$ MPa，$\varepsilon_{co}=0.004\ 60$。

表 2-10 和图 2-38 显示试件峰值应力对应的轴向应变 ε_{cc}，与试件尺寸无明显规律性，仅可以近似认为当为中等和强约束水平时，试件峰值应力对应应变的尺寸效应减弱。

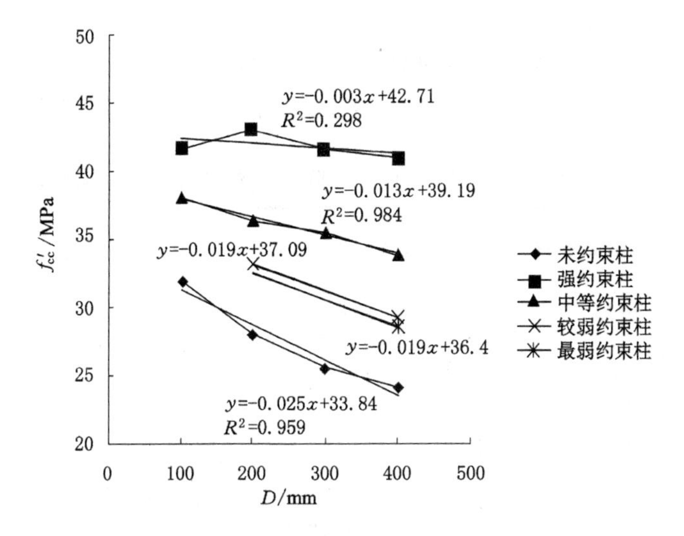

图 2-37　试件尺寸对未约束和 CFRP 约束方柱强度的影响

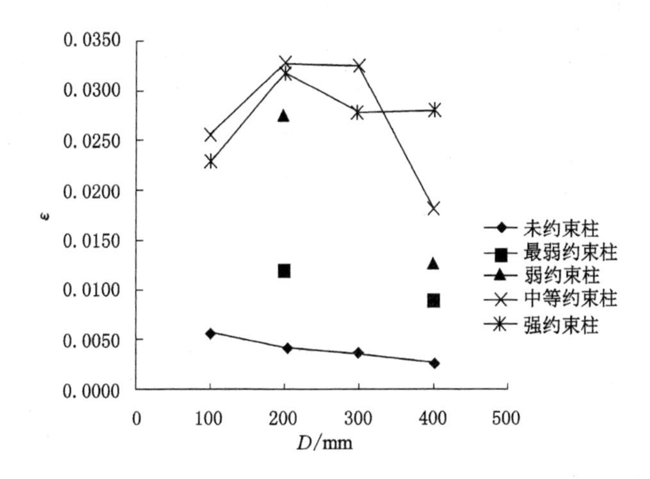

图 2-38　试件尺寸对未约束和 CFRP 约束方柱峰值应力对应应变的影响

为了进一步分析试件尺寸是否对约束混凝土方柱的抗压强度 f'_{cc} 和极限应变 ε_{cc} 产生影响，表 2-11 列出了 S. Rocca 等[16-18]、Z. Y. Wang 等[7,122-123]与本研究的试验数据，每组数据中的混凝土方柱试件均受到相同的名义侧向力约束，同时该表数据采用了实际约束比 $f_{l,e}/f'_{co}$ 来研究方柱试件的侧向约束情况。由表 2-11 可以看出，本试验数据的实际侧向约束比 $f_{l,e}/f'_{co}$ 在强、中等、弱和最弱约束水平下分别为 0.150、0.122、0.069 和 0.046，再次验证了当约束比较大时，试件的强度 f'_{cc}（强度比 f'_{cc}/f'_{co}）和极限应变 ε_{cc}（延性 $\varepsilon_{cc}/\varepsilon_{co}$）基本不存在尺寸效应，当侧向约束减小时，尺寸效应现象逐渐增强。S. Rocca 等[16-18]和 Y. F. Wang 等[7]的实际侧向约束比 $f_{l,e}/f'_{co}$ 与本试验情况相同，在相等的名义约束水平下也存在不完全相同的情况，但其强度比 f'_{cc}/f'_{co} 也随着试件尺寸的增大而减小，抗压强度存在一定程度的尺寸效应现象，其延性 $\varepsilon_{cc}/\varepsilon_{co}$ 存在明显的尺寸效应。

S. Rocca 等[16-18]指出，CFRP 约束钢筋混凝土圆形柱轴压行为的尺寸效应不明显，对方形和矩形的 CFRP 约束钢筋混凝土方柱，由于试验数据偏少和离散，尚无法得出是否具有尺寸效应的明确结论。结合本试验的研究结果，由于数据样本的增加，通过表 2-11、图 2-39 和图 2-40 数据可以认为 CFRP 约束钢筋混凝土方柱的强度和变形存在尺寸效应。

表 2-11　　不同尺寸 FRP 约束混凝土方柱在相同约束力情况下的试验结果

数据来源	尺寸/mm×mm	纤维类型	纤维布层数或 t_{frp}/mm	f'_{co} /MPa	$\frac{f_{l,e}}{f'_{co}}$	f'_{cc} /MPa	$\frac{f'_{cc}}{f'_{co}}$	$\frac{\varepsilon_{cca}}{\varepsilon_{co}}$
S. Rocca 等[16-17]	457×1 016	CFRP	4 层，0.668 mm	30.5	0.10	29.1	0.95	2.14
	914×1 981		8 mm，1.336 mm		0.15	27.0	0.89	1.29
S. Rocca 等[16-17]	324×686	CFRP	2.5 层，0.418 mm	30.5	0.08	33.0	1.08	2.07
	648×1 372		5 层，0.835 mm		0.09	30.4	1.00	1.58
Z. Y. Wang 等[122-123]-Ⅰ	204×612	CFRP	2 层，0.334 mm	25.5	0.153	40.0	1.59	17.94
	305×915		3 层，0.501 mm		0.188	36.9	1.45	12.51
Z. Y. Wang 等[122～123]-Ⅱ	204×612	CFRP	2 层，0.334 mm	25.5	0.222	40.8	1.60	21.15
	305×915		3 层，0.501 mm		0.172	37.2	1.46	12.92
Y. F. Wang 等[7]	70×210	AFRP	0.071 5 mm	34.6	0.07	49.46	1.43	2.89
	105×315		0.095 3 mm			42.77	1.24	2.17
	194×582		0.143 0 mm			43.28	1.25	2.69
	70×210		0.071 5 mm	52.1	0.09	76.65	1.47	3.21
	105×315		0.095 3 mm			62.51	1.20	2.24
	194×582		0.143 0 mm			56.27	1.08	1.41
	70×210		0.143 0 mm	34.6	0.13	49.58	1.43	2.00
	105×315		0.190 7 mm			49.00	1.42	2.61
	194×582		0.286 0 mm			45.00	1.30	2.43
	70×210		0.143 0 mm	52.1	0.17	100.86	1.94	2.97
	105×315		0.190 7 mm			85.04	1.63	2.05
	194×582		0.286 0 mm			80.23	1.54	1.87
	70×210		0.286 0 mm	34.6	0.28	68.03	1.97	3.00
	105×315		0.381 4 mm			62.29	1.80	2.39
	194×582		0.572 0 mm			51.34	1.48	2.48
本试验数据	100×300	CFRP 强约束	1 层，0.17 mm	28.0	0.135	41.72	1.49	3.78
	200×600		2 层，0.34 mm		0.153	42.84	1.53	5.86
	300×900		3 层，0.51 mm		0.176	41.72	1.49	5.00
	400×1 200		4 层，0.68 mm		0.131	41.16	1.47	4.96
	100×300	CFRP 中等约束	1 层，0.17 mm	28.0	0.118	38.08	1.36	4.29
	200×600		2 层，0.34 mm		0.129	36.4	1.30	5.68
	300×900		3 层，0.51 mm		0.129	35.56	1.27	5.41
	400×1 200		4 层，0.68 mm		0.090	33.88	1.21	3.16

续表 2-11

数据来源	尺寸/mm×mm	纤维类型	纤维布层数或 t_{frp}/mm	f'_{co} /MPa	$\frac{f_{l,e}}{f'_{co}}$	f'_{cc} /MPa	$\frac{f'_{cc}}{f'_{co}}$	$\frac{\varepsilon_{cca}}{\varepsilon_{co}}$
本试验数据	200×600	CFRP 弱约束	2 层,0.34 mm	28.0	0.073	33.32	1.19	5.31
	400×1 200		4 层,0.68 mm		0.061	29.4	1.05	2.42
	200×600	CFRP 最弱约束	2 层,0.34 mm	28.0	0.045	32.48	1.16	2.15
	400×1 200		4 层,0.68 mm		0.047	28.56	1.02	1.63

注:1. $f_{l,e}$是由 CFRP 布的实际拉断应变计算得到的侧向约束力,该实际拉断应变值由粘贴于方柱环向 CFRP 布上的环向应变片提供。

2. Y. F. Wang 等[122-123]包括两组试验结果,第Ⅰ组和第Ⅱ组试件分别对应体积配箍率为 0.5%和 1.0%的情况。

3. Y. F. Wang 等[122-123]试验中的 305 mm×915 mm 规格试件的应力—应变曲线出现软化段,根据抗压强度的概念,选用试件的峰值应力 f'_{tr}(即曲线转折点处的应力,而非曲线终点处的应力 f'_{cu})作为其抗压强度;同样根据延性的概念,204 mm×612 mm 和 305 mm×915 mm 规格的试件均采用应力—应变曲线终点处的轴向应变 ε_{cca}。

4. 本研究中每个约束水平的试验数据,均来自每组 2 个试件的试验平均值(其中的最强和最弱约束水平的方柱每组均为一个试件)。

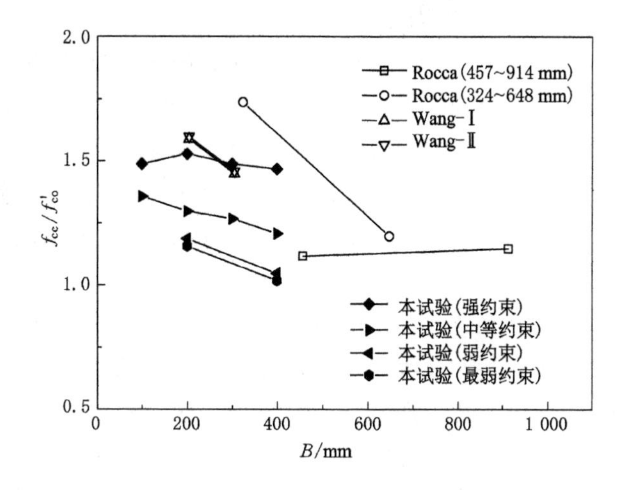

图 2-39　试件尺寸对强度比的影响

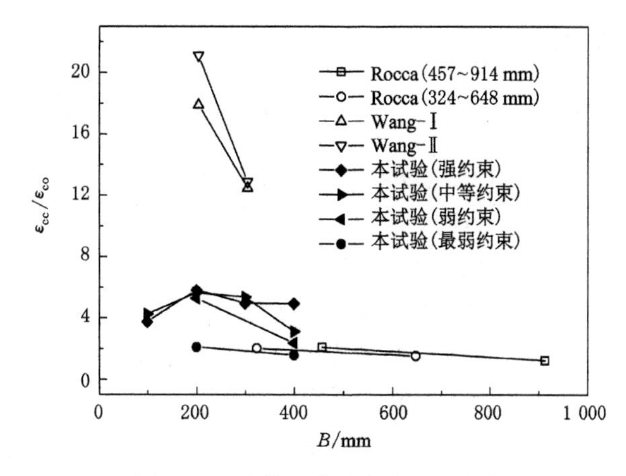

图 2-40　试件尺寸对应变比的影响

2.3.2.3 CFRP包裹方式对混凝土方形柱强度及变形的影响

本试验处于强约束水平的试件中，每组有一个试件采用 CFRP 分层包裹方式，其他 2 个试件为 CFRP 连续包裹方式，目的是比较两种纤维布包裹方式对方柱强度及变形的影响。

纤维布对混凝土柱约束量的多少，根据 CFRP 的体积约束率来计算：

$$\rho_f = \frac{4t}{D} \tag{2-4}$$

$$\rho_f = \frac{[4(B-2r_c)+2\pi r_c]\cdot t}{B^2-(4-\pi)\cdot r_c^2} \tag{2-5}$$

式中 t——CFRP 厚度；

D——圆柱直径；

B——方柱截面边长；

r_c——方柱倒角半径。

式(2-4)和式(2-5)分别表示 CFRP 对圆柱和方柱的体积约束率。

截面边长为 100 mm、200 mm、300 mm 和 400 mm 的方柱试件，其总搭接长度分别为 50 mm、200 mm、450 mm 和 800 mm，对应的 CFRP 体积约束率近似值均为 $45t$。以 S2 方柱(200 mm×200 mm×600 mm)为例，每层 CFRP 的搭接长度均为 200 mm，则其体积约束率 $\rho_f=50t$，为保持一致的 CFRP 约束率，S1、S3 和 S4 方柱每层搭接长度分别为 100 mm、200 mm、300 mm 和 400 mm，可见分层包裹 CFRP 的体积约束率是连续包裹方式的 $50t/45t=1.11$ 倍。

由表 2-10 可以看出，强约束水平的 100 mm×300 mm、200 mm×600 mm 和 300 mm×900 mm 方柱在 CFRP 分层包裹和连续包裹两种方式下，其抗压强度和极限应变较为接近；对于 400 mm×1 200 mm 方柱，抗压强度和极限应变小于其他尺寸的方柱试件，其中强度约降低 5%，极限应变约减小 40%。表 2-11 也显示 400 mm×1 200 mm 方柱的侧向有效约束比($f_{l,e}/f'_{co}=0.131$)略低于其他尺寸方柱，由于试件数目较少，尚无法得出明确结论。但从目前的试验数据来看，对于较大尺寸的混凝土方柱，连续包裹纤维布的约束方式，加固效果要好于分层包裹的方式。

2.3.3 CFRP约束混凝土方柱应力—应变关系分析

将不同尺寸的未约束和 CFRP 约束混凝土方柱的应力—应变关系列于图 2-41。由图 2-41(a)可以看到，不同尺寸未约束混凝土方柱的轴向应力—应变曲线呈现较明显的尺寸效应，抗压强度 f'_{co} 及对应的极限应变 ε_{co} 随试件尺寸的增大而减小，且较大尺寸试件的曲线下降段更显平缓。由图 2-41(b)至图 2-41(e)得知，对于每组相同尺寸的试件，CFRP 的侧向约束使得方柱试件的强度和极限应变都得到较大提高，当 CFRP 约束水平增加时，试件的强度和极限应变提高的程度更加显著。

为了考察所有方柱试件的轴向应力应变关系是否存在尺寸效应，将 26 个 CFRP 约束方柱试件的轴向应力—应变曲线按照约束水平放在一起比较，如图 2-42 和图 2-43 所示。

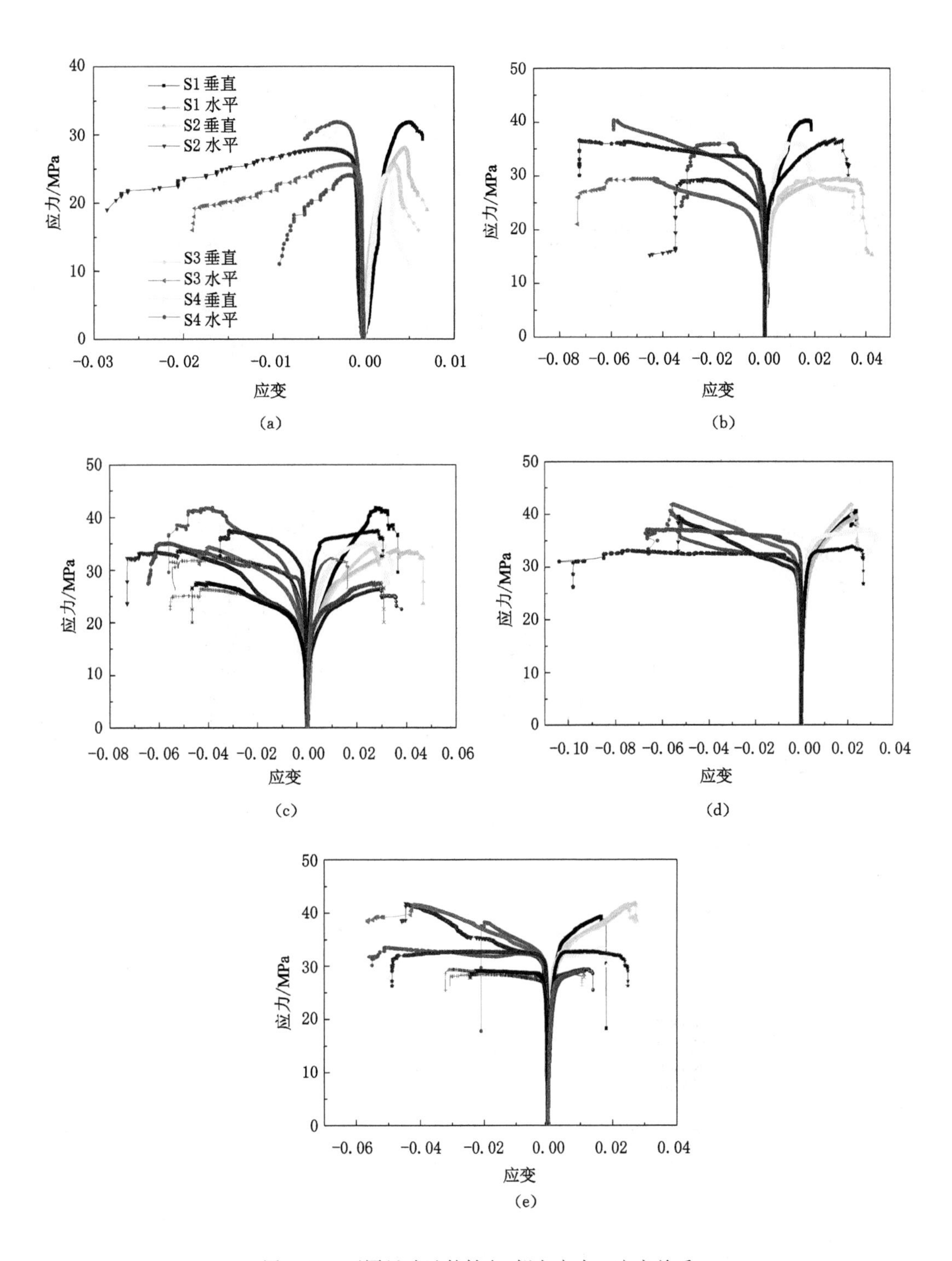

图 2-41　不同尺寸试件轴向、侧向应力—应变关系

(a) 未约束钢筋混凝土方柱；(b) 100 mm×300 mm 尺寸 CFRP 约束方柱；(c) 200 mm×600 mm 尺寸 CFRP 约束方柱；(d) 300 mm×900 mm 尺寸 CFRP 约束方柱，(e) 400 mm×1 200 mm 尺寸 CFRP 约束方柱

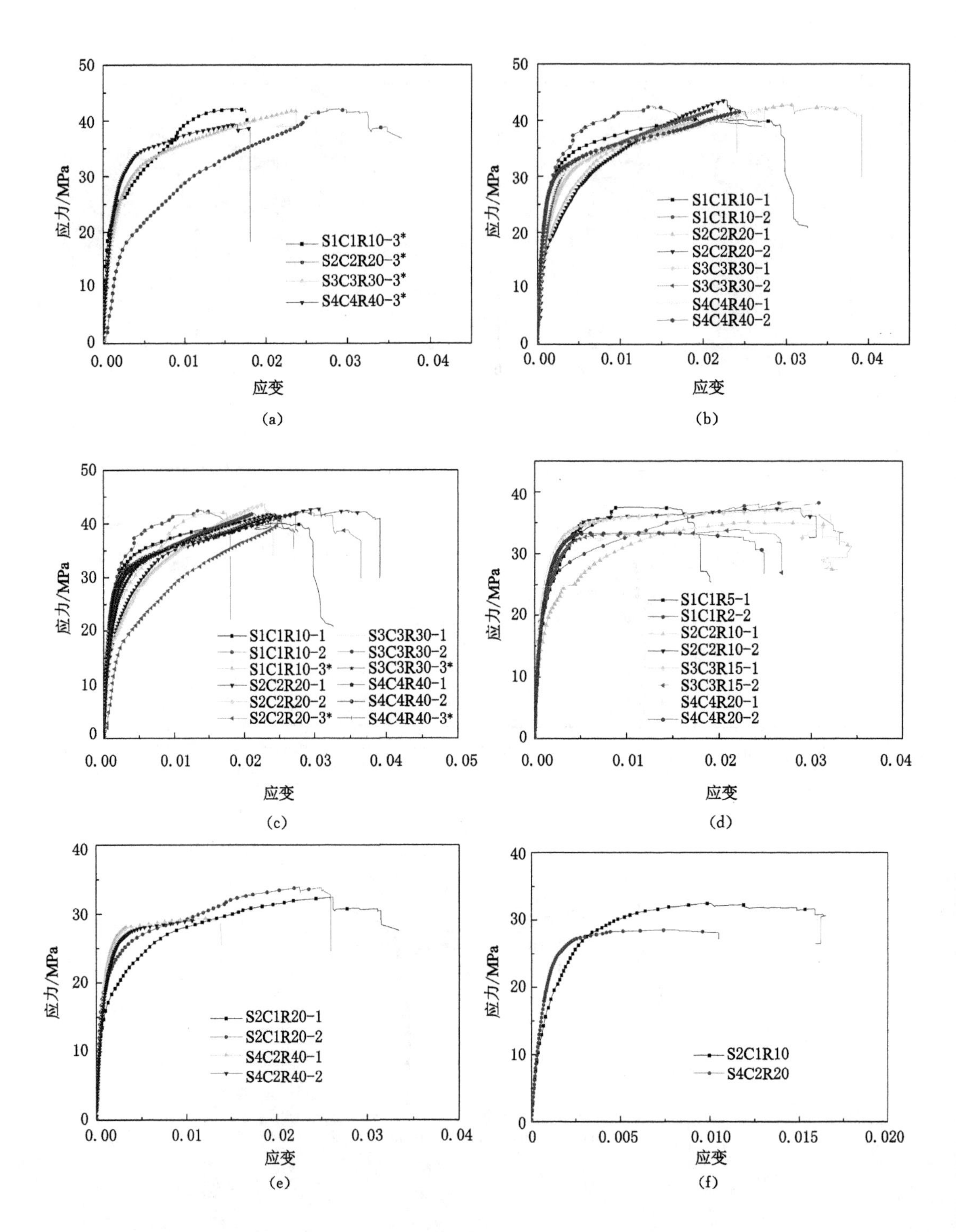

图 2-42　不同约束水平下的方柱轴向、侧向应力—应变关系

(a) CFRP 分层包裹强约束方柱；(b) CFRP 连续包裹强约束方柱；(c) CFRP 强约束方柱；(d) CFRP 中等约束方柱；(e) CFRP 弱约束方柱；(f) CFRP 最弱约束方柱

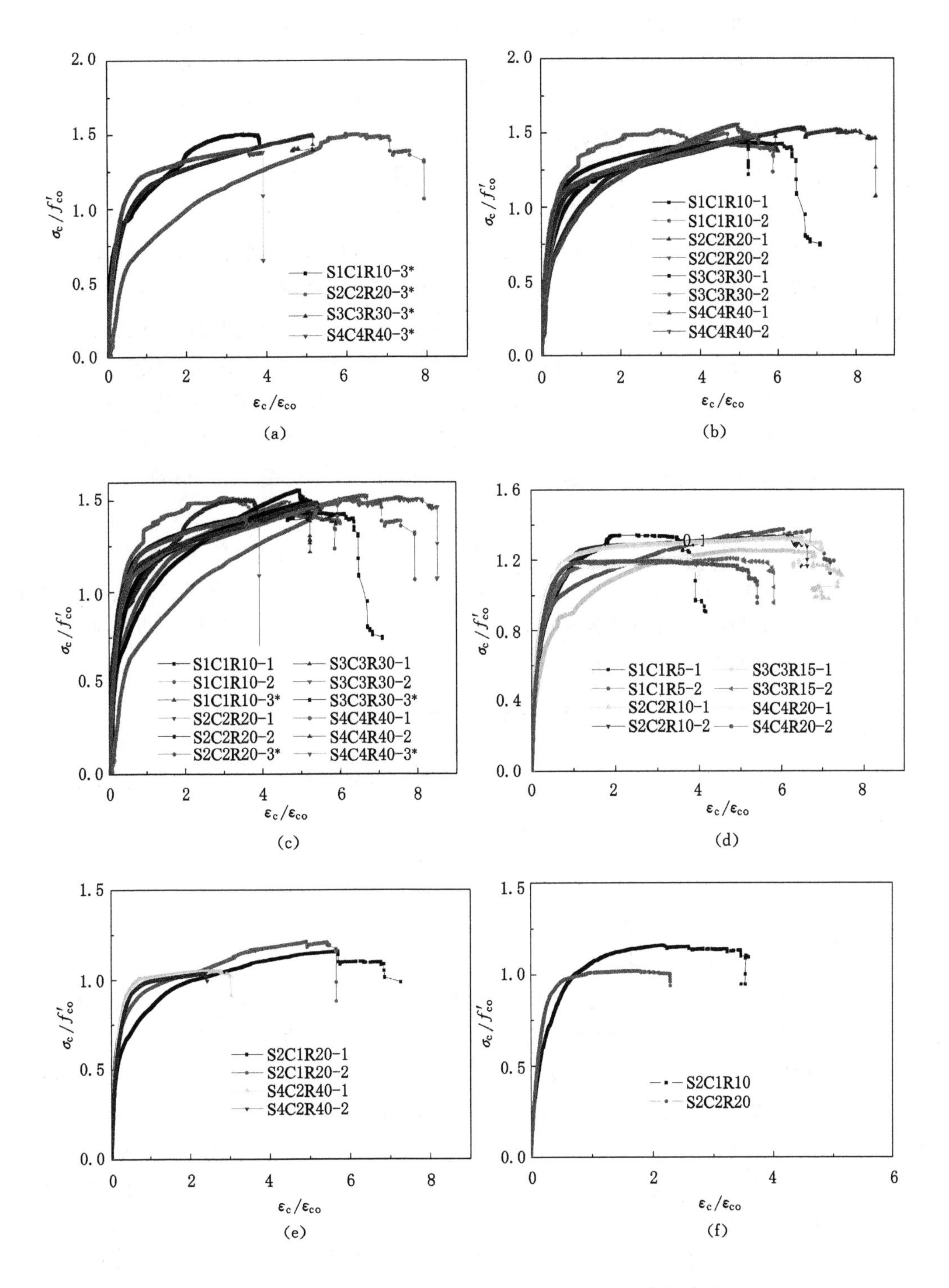

图 2-43　不同约束水平下方柱的归一化应力—应变关系

(a) CFRP 分层包裹强约束方柱；(b) CFRP 连续包裹强约束方柱；(c) CFRP 强约束方柱；(d) CFRP 中等约束方柱；(e) CFRP 弱约束方柱；(f) CFRP 最弱约束方柱

图 2-42(a)至图 2-42(b)分别显示了强约束水平状态下的分层包裹和连续包裹 CFRP 试件的轴向应力—应变关系，图 2-42(c)至图 2-42(f)显示了强约束(包括分层约束和连续包裹两种方式)、中等约束、弱约束和最弱约束水平等四种情况的方柱轴向应力—应变关系，图 2-43则显示了归一化后的轴向应力—应变关系。

图 2-42(a)和图 2-43(a)显示了强约束水平中分层包裹 CFRP 试件的轴向应力—应变曲线，可见除了 200 mm×600 mm 方柱试件的应力—应变曲线位置略低，其他尺寸试件曲线第一段几乎重合；对于双线性应力—应变关系的第二段，不同尺寸试件的曲线基本重合。图 2-42(b)和图 2-43(b)中，200 mm×600 mm 方柱试件第一段曲线偏低，其他尺寸试件的曲线基本重合。中等约束水平的方柱试件，应力—应变曲线的第二段分布略显离散，但发展趋势一致。弱约束水平状态下，200 mm×600 mm 试件的极限应变较大，从其应力—应变关系来看，较小尺寸试件的延性较好，而较大尺寸 400 mm×1 200 mm 试件的极限应变约为小尺寸试件的 50%，最弱约束水平的试件曲线也存在类似情况，400 mm×1 200 mm 试件的极限应变约为 200 mm×600 mm 试件的 65%，变形能力较低，如图 2-42(c)至图 2-42(f)和图 2-43(c)至图 2-43(f)所示。

综上所述，可见当方柱试件的侧向约束达到中等水平及以上时(CFRP 的名义约束比 $f_{l}=f'_{co}=0.233$，实际约束比 $f_{l,e}=f'_{co}=0.122$)，方柱的轴向应力—应变关系基本不存在尺寸效应(个别试件除外，可以认为是由数据离散造成)；当约束水平较低时，方柱应力—应变曲线的第二段呈现尺寸效应现象。

2.3.4 CFRP 约束混凝土方柱体积应变分析

混凝土方柱的体积应变反映了不同尺寸试件在 CFRP 布约束下的体积变化，体积应变的公式如下：

$$\varepsilon_V = \Delta V/V = \varepsilon_c + 2\varepsilon_l \tag{2-6}$$

式中 ε_V，ε_c，ε_l——体积应变、轴向应变和侧向应变；

V——混凝土方柱的体积；

ΔV——方柱的体积变化。

不同尺寸方柱的轴向应力—体积应变曲线如图 2-44 所示。由图可以看出，对每组相同尺寸的试件，随着侧向约束力的增加，试件的应力—体积应变曲线第二段的斜率有下降的趋势；中等约束水平试件的体积应变较大，甚至大于强约束水平试件；弱约束和最弱约束水平试件的体积应变明显较小。对于不同约束水平的方柱体积应变，强约束水平和中等约束水平试件的应力—体积应变曲线基本重合或比较接近，弱约束水平和最弱约束水平试件的应力—体积应变曲线第二段存在一定差异，其中的大尺寸试件曲线斜率较小，位置略微偏低，极限体积应变也较小，如图 2-45 所示。说明当方柱的侧向约束达到一定水平时，其应力—体积应变关系才不受试件尺寸的影响，若侧向约束水平较小，方柱应力—体积应变关系的尺寸效应仍然存在。

2.3.5 约束混凝土方柱环向 CFRP 应变分析

研究发现，方柱峰值应力处(即抗压强度)和轴压破坏时方柱边长中点或倒圆角与柱直边

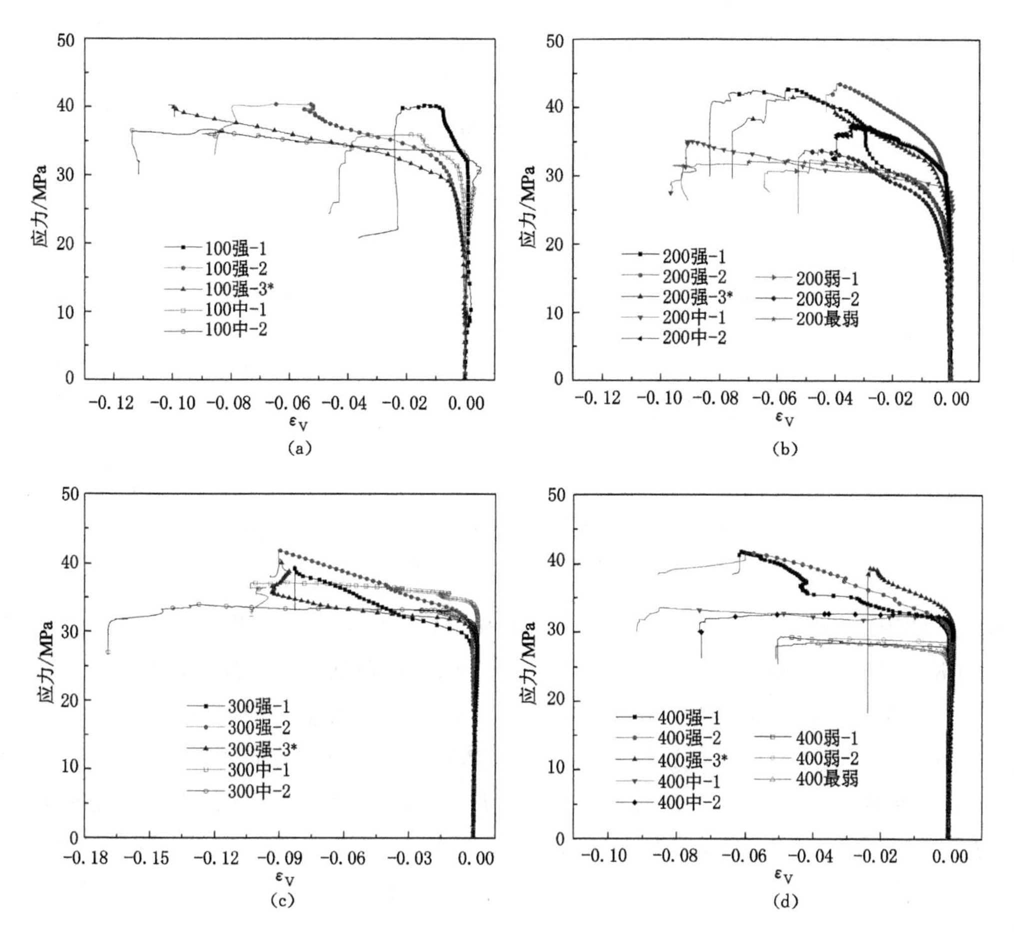

图 2-44　不同尺寸方柱的体积应变—应力关系

(a) 100 mm×300 mm CFRP 约束方柱；(b) 200 mm×600 mm CFRP 约束方柱；
(c) 300 mm×900 mm CFRP 约束方柱；(d) 400 mm×1 200 mm CFRP 约束方柱

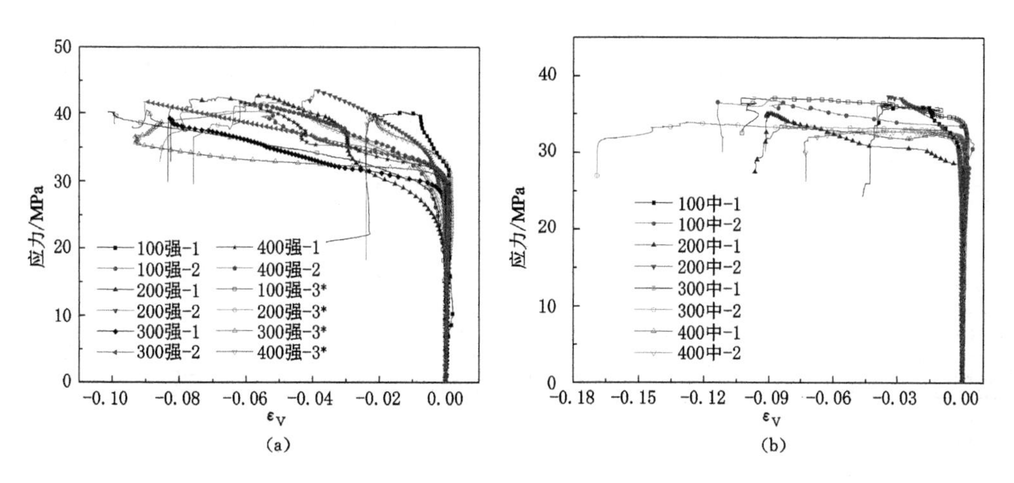

图 2-45　不同约束水平方柱的体积应变—应力关系

(a) CFRP 强约束方柱；(b) CFRP 中等约束方柱

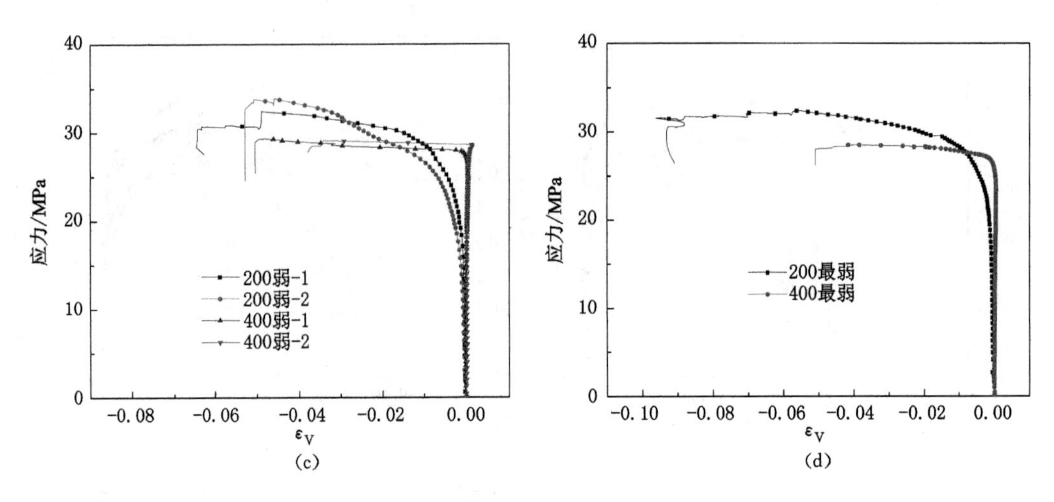

续图 2-45　不同约束水平方柱的体积应变—应力关系

(c) CFRP 弱约束方柱；(d) CFRP 最弱约束方柱

交界处的 CFRP 受拉应变值最大。方柱边长中点处 CFRP 拉应变的实测值基本在 0.011 以上，其实测的平均值主要集中在 0.007～0.010 范围内；柱角部 CFRP 的拉应变值则较小，在 0.004～0.008 5 之间，分布较为离散，如表 2-12 所示。这里注意到，个别试件的 CFRP 拉应变值明显偏低，基本是由于试验数据的离散性、CFRP 厚度增加导致应变梯度、应变片本身出现问题或其他原因导致，使得应变片未能如实反映实际情况（发生该情况的试件抗压强度和极限应变并未低于其他试件），因此这些试件的环向拉应变不作为参考值使用。根据侧向约束水平，选取了部分试件环向拉伸应变随时间变化的情况，如图 2-46 所示。

表 2-12　　CFRP 约束混凝土方柱环向拉伸应变

试件编号	试件尺寸 $B \times H$ /mm×mm	约束水平	中部应变		角部应变		偏中部应变		偏角部应变	
			最大值	平均值	最大值	平均值	最大值	平均值	最大值	平均值
S1C1R10-1	100×300	强约束	0.006 1	0.006 0	0.004 3	0.004 7	—	—	—	—
S1C1R10-2			0.008 5	0.006 0	0.006 1	0.001 9	—	—	—	—
S1C1R10-3*			0.012 3	0.008 1	0.011 4	0.006 7	—	—	—	—
S1C1R05-1		中等约束	0.010 0	0.010 0	0.011 9	0.005 0	—	—	—	—
S1C1R05-2			0.010 4	0.007 1	0.004 8	0.004 7	—	—	—	—
S2C2R20-1	200×600	强约束	0.000 9	0.000 8	0.000 7	0.000 6	—	—	—	—
S2C2R20-2			0.006 7	0.006 6	0.004 8	0.004 6	—	—	—	—
S2C2R20-3*			0.013 9	0.009 2	0.013 7	0.006 5	—	—	—	—
S2C2R10-1		中等约束	0.016 3	0.012 3	0.015 6	0.004 4	—	—	—	—
S2C2R10-2			0.013 9	0.006 5	0.004 4	0.004 0	—	—	0.008 7	0.006 1
S2C1R20-1		弱约束	0.010 0	0.008 4	0.010 4	0.007 3	—	—	—	—
S2C1R20-2			0.010 5	0.008 7	0.006 5	0.004 5	—	—	0.007 1	0.005 6
S2C1R10-1		最弱约束	0.007 5	0.006 5	0.005 3	0.003 8	—	—	—	—

续表 2-12

试件编号	试件尺寸 $B\times H$ /mm×mm	约束水平	中部应变		角部应变		偏中部应变		偏角部应变	
			最大值	平均值	最大值	平均值	最大值	平均值	最大值	平均值
S3C3R30-1	300×900	强约束	0.014 0	0.011 4	0.010 5	0.004 2	—	—	—	—
S3C3R30-2			0.012 1	0.012 0	0.014 9	0.008 0	—	—	0.001 9	0.001 0
S3C3R30-3*			0.011 1	0.006 5	0.005 3	0.003 9	0.007 7	0.005 9	0.002 4	0.001 7
S3C3R15-1		中等约束	0.009 4	0.008 6	0.012 7	0.007 2	—	—	—	—
S3C3R15-2			0.015 2	0.009 8	0.012 6	0.006 6	—	—	—	—
S4C4R40-1	400×1200	强约束	0.009 5	0.008 9	0.004 5	0.003 6	0.017 6	0.009 3	0.018 0	0.011 4
S4C4R40-2			0.013 6	0.008 3	0.008 6	0.006 0	0.012 5	0.007 9	0.013 9	0.004 4
S4C4R40-3*			0.006 7	0.004 8	0.002 8	0.002 0	0.010 7	0.008 7	0.003 4	0.001 8
S4C4R20-1		中等约束	0.009 5	0.006 9	0.007 3	0.006 1	0.009 1	0.006 8	0.010 6	0.009 5
S4C4R20-2			0.008 0	0.005 8	0.000 9	0.000 6	0.004 7	0.003 4	0.004 7	0.003 7
S4C2R40-1		弱约束	0.007 8	0.006 2	0.006 2	0.005 4	0.008 7	0.007 1	0.007 4	0.007 3
S4C2R40-2			0.010 9	0.006 9	0.007 0	0.005 8	0.009 0	0.007 9	0.009 5	0.008 9
S4C2R20-1		最弱约束	0.008 8	0.007 8	0.006 8	0.006 2	0.008 7	0.007 7	0.008 7	0.008 2

注：试件 S2C2R20-1、S4C4R20-2 数据明显偏小，可能是由于试验数据的离散性和 CFRP 厚度增加导致应变梯度、应变片本身出现问题或其他原因导致。

所有试件的环向实测值其均值为 0.008(标准差为 0.002)，为 CFRP 条形拉伸(Coupon test)试验值的 47%，而柱角部 CFRP 拉应变的实测平均值则较小，在 0.003 6～0.008 0 之间，分布略显离散。根据 FRP 布的应变有效系数 k_ε 的概念[98-103]，本研究 CFRP 的有效系数为：

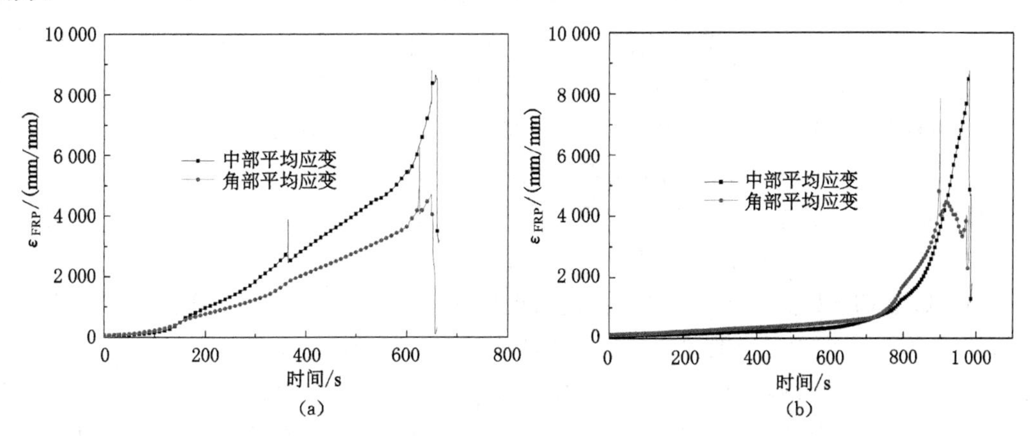

图 2-46　不同尺寸方柱的环向拉应变随加载过程的发展

(a) CFRP 强约束方柱 S2C2R20-3*；(b) CFRP 中等约束方柱 S3C3R15-1

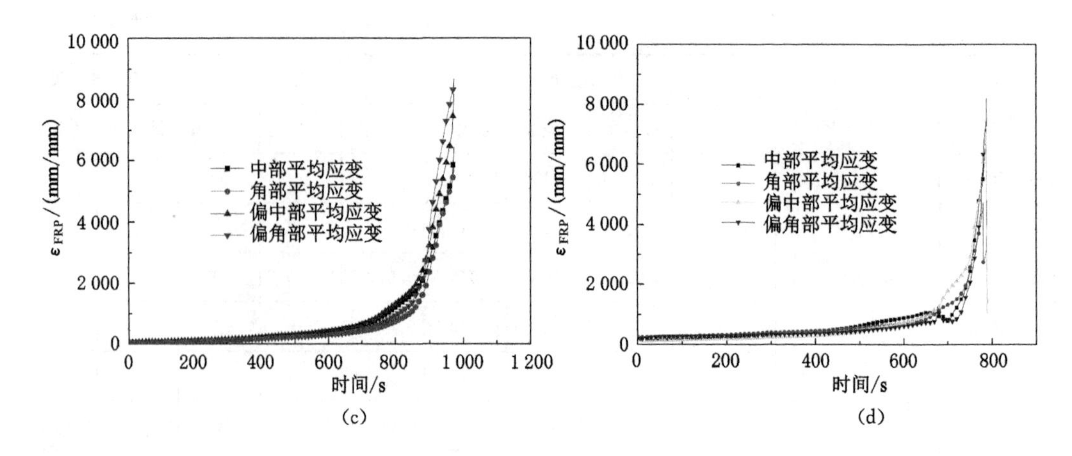

续图 2-46　不同尺寸方柱的环向拉应变随加载过程的发展

(c) CFRP 弱约束方柱 S4C2R40-2;(d) CFRP 最弱约束方柱 S4C2R20

$$k_{\varepsilon}=\frac{\varepsilon_{j,u}}{\varepsilon_{f}}=\frac{0.008}{0.0017}=0.47 \tag{2-7}$$

由本试验看出,方柱在侧向约束情况下,CFRP 应变有效系数 $k_{\varepsilon}=0.47$,即 CFRP 对钢筋混凝土方柱的侧向约束效率约为 CFRP 条形拉伸值(Coupon test)的 47%,符合《混凝土结构加固设计规范》(GB 50367—2013)[90]中“一般构件取 $k_{\varepsilon}=0.45$,重要构件取 $k_{\varepsilon}=0.35$”的要求。

2.4　本章小结

本章采用了规格(截面×高度)为 100 mm×100 mm×300 mm、200 mm×200 mm×600 mm、300 mm×300 mm×900 mm 和 400 mm×400 mm×1 200 mm 4 种尺寸的混凝土方形柱试件(下面将上述 4 种尺寸的试件分别简称为 S1、S2、S3 和 S4 系列试件),研究了 CFRP 约束混凝土方柱强度及变形性能的尺寸效应。所有方柱试件的纵筋配筋率为1.5%,体积配箍率为 0.8%,按照 CFRP 提供的实际侧向约束比($f_{l,e}/f'_{co}$)分别为 0.150、0.122、0.069 和 0.046,即分为强约束、中等约束、较弱约束和最弱约束 4 种约束水平。注意,由于 S4 规格方柱包裹 CFRP 层数较多,产生应变梯度现象的概率增加,导致 S4 规格方柱环向 CFRP 拉伸应变值减小,所以这里的实际侧向约束比 $f_{l,e}/f'_{co}$取自 S2 规格方柱的试验平均值。试验结果的分析包括了混凝土方柱的抗压强度 f'_{cc}及强度比 f'_{cc}/f'_{co}、极限轴向应变 ε_{cc}及应变比 $\varepsilon_{cc}/\varepsilon_{co}$,根据研究结果可得到如下主要结论:

(1) 随着 CFRP 复合材料带来的侧向约束增强,不同尺寸方柱的抗压强度和极限应变均呈非线性增长,应力—应变关系的第二段曲线由软化型向硬化型发展。

(2) 随侧向约束的增加,方柱抗压强度的尺寸效应减弱,当实际侧向约束比 $f_{l,e}/f'_{co}$为 0.15 左右时,方柱强度的尺寸效应基本不存在;方柱轴向极限应变的尺寸效应受混凝土柱侧向约束的影响较小。

(3) 方柱轴向应力—应变关系的尺寸效应随侧向约束的增加而较弱,当侧向约束水平为中等程度时($f_{l,e}/f'_{co}=0.122$)时，其尺寸效应基本不存在(个别试件除外，可认为是由数据离散造成)；当约束水平较低时，方柱应力—应变曲线的第二段呈现出尺寸效应现象。

(4) 通过对 CFRP 布连续缠绕和分层缠绕方柱的强度及极限应变进行比较，发现分层缠绕 CFRP 布的方柱抗压强度约为连续缠绕方柱强度的 95%，极限应变减小的较多，降低约 40%，但因为数据比较离散，需进一步研究。可见若对混凝土柱进行 FRP 的连续缠绕包裹，其加固效果则更为显著。

(5) 由本试验看出，方柱在侧向约束情况下，CFRP 布的应变有效系数 $k_{\varepsilon}=0.47$，即 CFRP 布对钢筋混凝土方柱的侧向约束效率约为 CFRP 条形拉伸应力值(Coupon test)的 47%。

第3章　FRP约束钢筋混凝土圆柱理论强度模型

3.1　引言

FRP复合材料约束混凝土柱的强度模型一般分为理论模型、半经验模型和经验模型。理论模型和半经验模型主要通过理论推导或者计算分析得到，经验模型则直接对试验数据进行回归分析得到。目前现有的FRP约束混凝土方形柱的经验模型主要有J. I. Restrepo等模型[36]、A. Mirmiran等模型[37]、ACI440模型[38]、L. A. E. Shehata等模型[39]、G. Campione等模型[40]、L. Lam等模型[21]、A. Ilki等模型[41]、Y. A. Al-Salloum等模型[42]、R. Kumutha等模型[43]、M. H. Youssef等模型[6]等。

L. Gunawan[46]依据莫尔强度准则[53]，推导了FRP约束混凝土圆柱的强度公式，该公式仅在提供了FRP环向实际拉断应变的情况下才能准确预测。

M. Fraldi等[47]将FRP约束圆柱看作功能梯度材料，核心混凝土假定为各向同性材料，圆柱外围FRP材料为n层各向异性材料，求解过程中将Schleicher破坏准则、Intrinsiccurve破坏准则和$\sigma—\tau$莫尔平面结合使用(莫尔平面的不同象限中采用不同的混凝土破坏面)，最后采用数值计算方法得到约束混凝土的抗压强度值。

C. Pellegrino等模型[48]属于半经验强度模型。C. Pellegrino等认为圆柱侧向约束力由FRP和箍筋共同提供，其中箍筋约束力的加权因子为箍筋包络面积与总截面面积的比值，FRP应变有效系数k_ε主要受柱纵筋影响，最后提出配筋和未配筋的圆柱和方柱强度模型。

Y. F. Wu等[49]建立在Hoek-Brown岩石破坏准则[54]基础上，推导了FRP约束混凝土柱的强度公式，式中的材料参数m、s与f'_t/f'_c间的方程式由边界条件确定，求得m与f'_t/f'_c的关系，再通过FRP约束混凝土柱的试验数据回归。

3.2　FRP约束混凝土圆柱理论强度模型

3.2.1　Mohr强度理论简介及应用历史

库仑于1773年提出了内摩擦理论，如式(3-1)所示，即对于复杂应力状态下的材料，当其所受剪应力达到最大剪应力 τ 时,材料发生破坏。

$$\tau = c - \sigma\tan\varphi \tag{3-1}$$

式中　τ——剪应力;

c——黏聚力;

φ——内摩擦角;

σ——剪切面上的正应力。

Mohr. O 在库仑研究基础上,于 1900 年提出 Mohr 强度理论[53],认为材料发生破坏是由于材料的某一面上剪应力达到一定的限度,而这个剪应力与材料本身性质和正应力在破坏面上所造成的摩擦阻力有关,即材料发生破坏除了取决于该点的剪应力 τ,还与该点正应力 σ 相关,因此材料的破坏就不一定发生在 $\tau - f\sigma$ 值为最大的截面上(式中 f 为材料的内摩擦系数),这可以通过莫尔圆来直观显示(图 3-1),莫尔圆外围的曲线即材料的破坏面包络线,当材料的应力状态(σ,τ)超过包络线时,可认为材料超出临界状态而发生破坏。Mohr 强度理论[53]中的材料的 σ—τ 关系可由下列函数表示:

$$\tau = F(\sigma) \tag{3-2}$$

图 3-1　混凝土破坏面与不同应力状态下莫尔圆之间的关系

众所周知,Mohr 强度理论[53]在三轴受力状态下并不包含中间主应力(即第二主应力 σ_2),而 N. S. Ottosen 四参数准则[91]、K. J. Willam and E. P. Warnke 五参数准则[92]以及改进后的双剪强度准则[93]都引入了 σ_2,表达式参数更加丰富,精度也得到提高,但是这涉及较多的材料常数,取值较为困难。Mohr 强度理论[53]则只需要混凝土的单轴抗压强度 f'_c 和单轴抗拉强度 f'_t[94-95],使用非常方便。

L. Gunawan[46]研究发现,混凝土在三轴应力状态下(主动约束情况),采用线性的破坏面包络线会高估混凝土的最大主应力 σ_1,随着混凝土侧向约束力 σ_3 增大,这种高估情况会越来越明显。而抛物线形的包络线则会低估约束混凝土的最大主应力 σ_1。L. Gunawan[46] 的研究显示(图 3-2),线性和抛物线形包络线方程可分别预测主动约束混凝土最大主应力(即抗压强度)的上限值和下限值,只有当包络线方程阶次 n 介于 1～2 之间时才能较准确地预测约束混凝土的强度值,即 $n=1.29$ 适用于普通强度混凝土,$n=1.72$ 适用于高强混凝土。

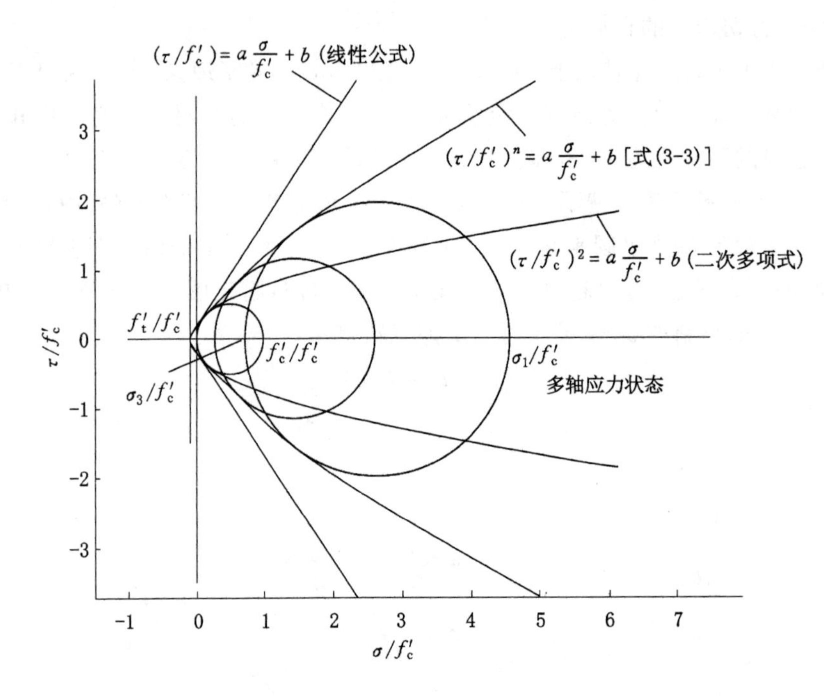

图 3-2　不同方程形式的混凝土破坏面与莫尔圆的关系

3.2.2　FRP 约束混凝土圆柱理论强度模型的提出

根据 L. Gunawan[46] 的研究,将 Mohr 强度理论[53][式(3-2)]写成下列形式:

$$\left(\frac{\tau}{f'_c}\right)^n = a\frac{\sigma}{f'_c} + b \tag{3-3}$$

式中　a、b——f'_t/f'_c 的函数,$a=g(f'_t/f'_c)$,$b=h(f'_t/f'_c)$。

如图 3-1 所示,式(3-3)表达的包络线与描述混凝土单轴受拉的莫尔圆相切于 σ/f'_c 轴上的$(-f'_t/f'_c,0)$点(为使用方便,本章令拉应力为负值,压应力为正值)。将 $\tau/f'_c=0$ 和 $\sigma/f'_c=-(f'_t/f'_c)$代入式(3-3),得到:

$$b = a\frac{f'_t}{f'_c} \tag{3-4}$$

将式(3-4)代入式(3-3),得到:

$$\left(\frac{\tau}{f'_c}\right)^n = \frac{a}{f'_c}(\sigma + f'_t) \tag{3-5}$$

虽然 L. Gunawan[46] 研究的最后部分指出可以令 $n=2.0$,但并未明确 n 取该值的原因,在这里简单讨论下。

首先，图 3-2 描述的是主动约束状态下的混凝土破坏包络线及莫尔圆，这与 FRP 包裹产生的被动约束情况不同。主动约束是混凝土构件在加载前已经承受来自侧向的约束，在构件未发生破坏前，其最大主应力（或称为极限应力）是高于被动约束混凝土的，但主动约束混凝土应力—应变关系的第二段曲线上升趋势较缓，甚至曲线峰值后存在下降趋势；对于被动约束混凝土，比如 FRP 材料只有当混凝土发生较大侧向变形时才发挥明显作用，故一般情况下被动约束混凝土的极限应力略低，但在侧向约束较强的情况下，其应力—应变关系第二段的斜率会明显高于主动约束混凝土。V. M. Karbhari 等[96]采用一族主动约束混凝土应力—应变关系曲线，随侧向约束力增加，其应力—应变关系第二段直线的斜率也相应提高，然后假设在任一时刻主动约束和被动约束的侧向约束力相等，此时 FRP 约束混凝土（被动约束）的最大轴向应力则等于该侧向约束力下的主动约束混凝土应力—应变关系的峰值应力，最后将各点相连，得到 FRP 约束混凝土的应力—应变关系。通过与试验数据的对比，上述假设高估了 FRP 约束混凝土的应力—应变关系第二段直线的斜率值和抗压强度，但极限应变往往会低估。与 V. M. Karbhari 等[96]的研究不同，学者[8,55,66-68]假设只要侧向约束力相等，FRP 约束混凝土轴向应力和轴向应变就与主动约束混凝土相等，而不是等于主动约束混凝土峰值应力，这样 FRP 约束混凝土应力—应变关系与试验结果吻合较好。

其次，将收集到的 418 个 FRP 约束混凝土圆柱的数据进行拟合，如图 3-3 所示，随着约束比 f_1/f'_{co}的增加，二次多项式模型的强度预测精度要高于线性模型和幂函数模型。

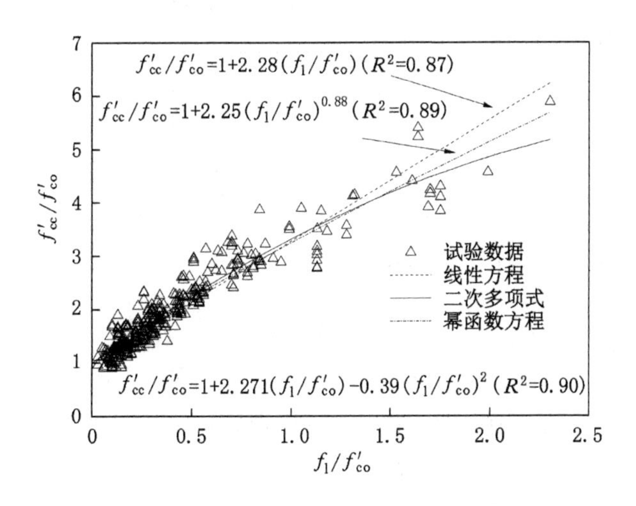

图 3-3　FRP 约束混凝土强度公式拟合

综上所述，先令式(3-5)中的系数 $n=2$，得到式(3-6)，这样本章理论强度模型的推导过程获得简化，最后讨论 f'_t/f'_c 的取值问题。具体推导过程如下。

$$\left(\frac{\tau}{f'_c}\right)^2=\frac{a}{f'_c}(\sigma+f'_t) \tag{3-6}$$

对于图 3-1 中的圆 C_1，其第三主应力 $\sigma_3=0$，方程形式为：

$$\left(\frac{\sigma}{f'_c}-\frac{1}{2}\right)^2+\left(\frac{\tau}{f'_c}\right)^2=\frac{1}{4} \tag{3-7}$$

对式(3-6)和式(3-7)在图 3-1 中的 p 点求导，且两式在该点的斜率相等，这样得到：

$$a = 1 - 2\frac{\sigma_p}{f'_c} \tag{3-8}$$

a 值代入式(3-7)，得：

$$\frac{\tau_p}{f'_c} = \sqrt{\frac{\sigma_p}{f'_c} - \left(\frac{\sigma_p}{f'_c}\right)^2} \tag{3-9}$$

a 值代入式(3-6)，得：

$$\left(\frac{\tau_p}{f'_c}\right)^2 - a\left(\frac{\sigma_p}{f'_c} + \frac{f'_t}{f'_c}\right) = 0 \tag{3-10}$$

将式(3-8)和式(3-9)代入式(3-10)求解 σ_p，则有：

$$\frac{\sigma_p}{f'_c} = \sqrt{\frac{f'_t}{f'_c}\left(1 + \frac{f'_t}{f'_c}\right)} - \frac{f'_t}{f'_c} \tag{3-11}$$

将式(3-8)、式(3-9)代入式(3-6)，得到：

$$\frac{\tau}{f'_c} = \sqrt{\left(1 - 2\frac{\sigma_p}{f'_c}\right)\left(\frac{\sigma + f'_t}{f'_c}\right)} \tag{3-12}$$

最后将式(3-11)代入式(3-12)，有：

$$\frac{\tau}{f'_c} = \sqrt{\left[1 + 2\frac{f'_t}{f'_c} - 2\sqrt{\frac{f'_t}{f'_c}\left(1 + \frac{f'_t}{f'_c}\right)}\right]\left(\frac{\sigma + f'_t}{f'_c}\right)} \tag{3-13}$$

这里，参数 a、b 的表达式如下所示：

$$a = 1 + 2\frac{f'_t}{f'_c} - 2\sqrt{\frac{f'_t}{f'_c}\left(1 + \frac{f'_t}{f'_c}\right)} \tag{3-14a}$$

$$b = \left[1 + 2\frac{f'_t}{f'_c} - 2\sqrt{\frac{f'_t}{f'_c}\left(1 + \frac{f'_t}{f'_c}\right)}\right] \cdot \left(\frac{f'_t}{f'_c}\right) \tag{3-14b}$$

图 3-1 中的莫尔圆 C_2 的方程形式为：

$$\left(\frac{\sigma}{f'_c} - \frac{\sigma_1 + \sigma_3}{2f'_c}\right)^2 + \left(\frac{\tau}{f'_c}\right)^2 = \left(\frac{\sigma_1 - \sigma_3}{2f'_c}\right)^2 \tag{3-15}$$

对式(3-13)和式(3-15)在图 3-1 中的 q 点求导，两式在该点的斜率相等。对于约束混凝土，最大主应力 $\sigma_1 = f'_{cc}$，第三主应力 $\sigma_3 = f_l$，这样得到：

$$\begin{aligned}\frac{f'_{cc}}{f'_c} = {} & 1 + 2\frac{f'_t}{f'_c} - 2\sqrt{\frac{f'_t}{f'_c}\left(1 + \frac{f'_t}{f'_c}\right)} + \frac{f_l}{f'_c} \\ & + 2\sqrt{\left[1 + 2\frac{f'_t}{f'_c} - 2\sqrt{\frac{f'_t}{f'_c}\left(1 + \frac{f'_t}{f'_c}\right)}\right] \cdot \left(\frac{f_l}{f'_c} + \frac{f'_t}{f'_c}\right)}\end{aligned} \tag{3-16}$$

关于 f'_t/f'_c 的取值，N. Arioglu 等[97]收集了大量试验数据，总结了 $f'_c = 4 \sim 120$ MPa 范围内的混凝土抗压强度 f'_c 和劈拉强度 f_{tsp} 之间的关系，若考虑常用混凝土的强度范围及抗拉强度和劈拉强度的关系($f'_t = 0.9 f_{tsp}$)，则发现当混凝土抗压强度从 20 MPa 增加至 120 MPa 时，单轴强度比值 f'_t/f'_c 从 0.113 减小至 0.057，为了简便取平均值为 $f'_t/f'_c = 0.085$。另外为了全文统一表示，将混凝土单轴抗压强度 f'_c 写成 f'_{co} 的形式，式(3-16)则变为：

$$\frac{f'_{cc}}{f'_{co}} = 0.563 + \frac{f_l}{f'_{co}} + 1.50\sqrt{\frac{f_l}{f'_{co}} + 0.085} \tag{3-17}$$

式中　$f_l = 2n_f t_f E_f \varepsilon_{j,u}/D$；

$n_f, t_f, E_f, \varepsilon_{j,u}$——FRP 的层数、单层厚度、弹性模量和 FRP 环箍的实际拉断应变；

D——圆柱直径。

式(3-17)即为本书提出的 FRP 约束混凝土圆形柱的理论强度模型，虽然 Mohr 强度理论不包含中间主应力 σ_2，但是圆形柱的中间主应力和第三主应力相等（$\sigma_2 = \sigma_3$），故式(3-17)可对混凝土圆形柱的强度进行预测。这里注意到，式(3-17)由理论推导得到，其中的环向约束力由 FRP 的实际拉断应力控制，但一般情况下是较难直接获得 FRP 实际拉断应变的，因此在下节中将研究圆形柱环向 FRP 的应变有效系数 k_ε，使得本章理论强度模型具有更强的实用性。

3.2.3　FRP 约束混凝土圆形柱环向应变有效系数

本章 FRP 约束混凝土圆柱强度模型的预测值由 FRP 实际拉断应变（也称为 FRP 箍的环向极限拉应变 $\varepsilon_{j,u}$）控制。相对于由条带 FRP 的材料性能试验（CouponTest）得到的拉断应变 ε_f，$\varepsilon_{j,u}$值要略低且较难预测到准确值，主要因为：

① 由于混凝土的开裂和可能存在的偏心荷载而导致的 FRP 布上的应变分布不均匀；

② FRP 布包裹在混凝土圆柱上，因而产生了曲率的影响；

③ 轴压下混凝土柱沿轴向产生压缩变形，而 FRP 布除了环向受到拉力外，在轴向也受到压力的作用，导致 FRP 布处于不利的受力状态；

④ FRP 布搭接区域的应变要小于非搭接区的应变，FRP 布环向应变分布不均匀；

⑤ 施工质量造成的 FRP 布局部鼓包或粘贴倾斜[98-100]。

基于以上几点原因，S. Pessiki 等[101]提出了 FRP 布应变有效系数 k_ε（Strainefficiency factor）的概念，即式(2-7)。S. Pessiki 等[101]建立在 16 个小尺寸圆柱（ϕ152 mm）和 4 个大尺寸圆柱（ϕ508 mm）的试验基础上，对于 CFRP 和 GFRP 约束混凝土，应变有效系数 k_ε 分别为 0.55 和 0.70；K. A. Harries 等[102]的试验数据显示，对 CFRP 约束，k_ε 在 0.74～0.85 范围内，对 GFRP 约束，k_ε 位于 0.69～0.80 之间；L. Lam 等[98]统计了 52 个 CFRP 约束圆柱和 9 个 GFRP 约束圆柱的试验数据，对这两种约束情况，k_ε 分别等于 0.586 和 0.624；S. Matthys 等[99]对 6 个 CFRP 和 GFRP 布约束的大尺寸柱（ϕ400 mm）试验数据进行分析，发现 k_ε 在 0.55～0.62 之间；C. Y. Cui 等[103]通过对 112 个强度在 45.6～112 MPa 范围的 CFRP 和 GFRP 约束混凝土圆柱的试验，发现大多数试件的 k_ε 都在 1.0 以上；R. Realfonzo 等[100]总结了近 300 个圆柱试件数据，得到 CFRP 和 GFRP 约束混凝土圆柱的 $k_\varepsilon = 0.60$，但不同试验得出的 k_ε 值非常离散，范围在 0.1～1.2 之间。

S. Matthys 等[99]和 R. Realfonzo 等[100]通过对各自的和收集的试验数据的分析，发现随 FRP 箍约束刚度（$E_l = 2E_f t_f / D$）的增加，应变有效系数 k_ε 略微减小，但 E_l—k_ε 关系的相关系数的平方值很小，说明 k_ε 与约束刚度 E_l 的相关性并不明显。R. Realfonzo 等[100]进一步得出结论，混凝土强度 f'_{co}对应变有效系数 k_ε 及 E_l—k_ε 关系的影响均不明显。而且

R. Realfonzo 等[100]发现 FRP 约束混凝土圆柱的 k_ε 值分布很离散，其中 GFRP 约束柱离散性更大，而且 k_ε 与 FRP 箍约束刚度 E_l 和 FRP 布厚度之间的关系不显著。

表 3-1　　FRP 约束混凝土圆柱应变有效系数的统计分析

纤维类型	试件数目	$\bar{\kappa}_\varepsilon$	SD/%	CV	κ_ε 最大值	κ_ε 最小值
CFRP	n=208	0.67	20.65	0.31	1.22	0.13
GFRP	n=75	0.62	23.17	0.37	1.05	0.12
CFRP 和 GFRP	n=283	0.66	21.43	0.32	1.22	0.12

本书收集了 283 个约束混凝土圆柱的 FRP 箍环向拉断应变的数据，数据包括了 208 个 CFRP 约束圆柱和 75 个 GFRP 约束圆柱，其中未约束混凝土强度范围为 f'_{co}=19.4～169.7 MPa，圆柱尺寸范围 D=76～610 mm，FRP 布约束层数最多 15 层。表 3-1 显示了 283 个试验数据的统计结果，CFRP 约束圆柱的应变有效系数平均值 $\bar{k}_\varepsilon$=0.67，GFRP 约束圆柱 $\bar{k}_\varepsilon$=0.62，对于所有的 FRP 布约束混凝土圆柱则有 $\bar{k}_\varepsilon$=0.66；GFRP 约束圆柱的标准差 SD 和变异系数 CV 要大于 CFRP 约束圆柱，说明 GFRP 约束圆柱的 k_ε 离散性较大，这与 R. Realfonzo 等[100]的结论是一致的；k_ε 大于 1.0 的情况均出现在 C. Y. Cui 等[103]的试验中。将收集到的试验数据绘于图 3-4，由图可见，对于不同尺寸和不同强度的混凝土圆柱，在不同层数的 CFRP 和 GFRP 布约束下，应变有效系数平均值 $\bar{k}_\varepsilon$=0.66 是合理的，但也存在较大的离散性。为了考察应变有效系数 k_ε 的值分布情况，将 k_ε=0.12～1.22范围内出现的频率(即频度图)绘于图 3-5，由图可见，k_ε 值主要集中在 0.5～0.8 之间，而且 k_ε 在 0.6～0.7 范围内的出现频率约 25%，这样进一步验证了表 3-1 和图 3-4 的统计结果。

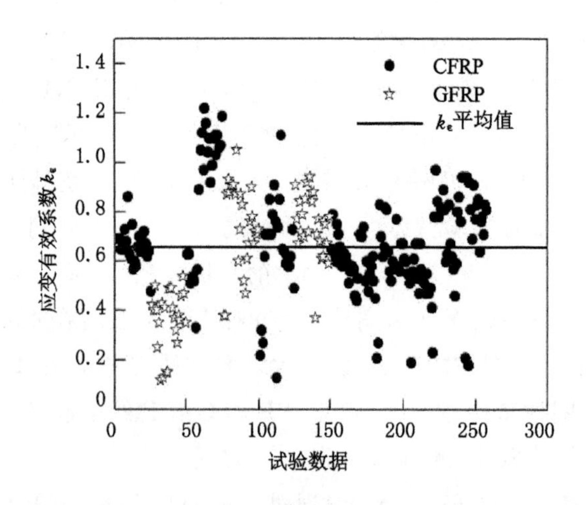

图 3-4　CFRP 和 GFRP 布的应变有效系数平均值 k_ε

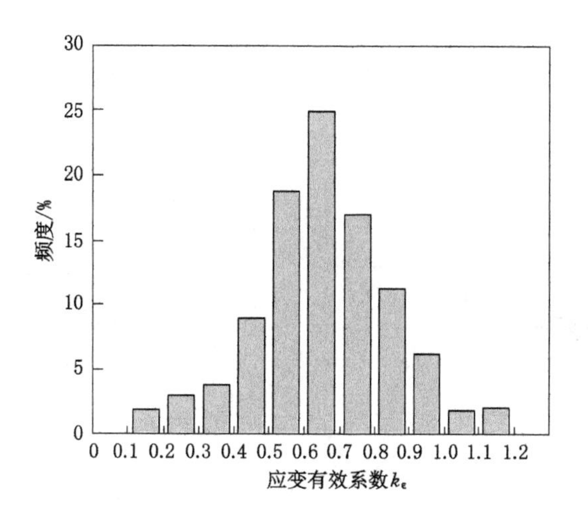

图 3-5　CFRP 和 GFRP 布的应变有效系数 k_ε 的频度分布

3.3　FRP 约束混凝土圆形柱理论强度模型预测水平评价

本书共收集了 14 个试验的 418 个 FRP 约束混凝土圆柱的数据[5-6,8,57-58,98,101,104-110]，但由于很多数据没有提供 FRP 箍的环向拉断应变 $\varepsilon_{j,u}$，所以将采用第 3.2.4 节得到的关系 $\varepsilon_{j,u}=0.66\varepsilon_f$。将418 个 f'_{cc}/f'_{co}的试验值和计算值放入图 3-6(g)进行比较，发现模型对绝大部分数据的预测都是良好的，只有少数预测存在较大误差，原因是试件所包的 FRP 布过早断裂或者充分发挥了约束性能，即应变有效系数 k_ε 过小或接近于 1.0。

选取已有的 6 个模型和本章模型进行对比，如图 3-6 所示，每个模型都采用 418 个试验数据来评价，其中 V. M. Karbhari 等模型[96]和本章模型为理论模型，其余均为经验模型。在图 3-6(a)和图 3-6(f)中，V. M. Karbhari 等模型[96]和 M. F. M. Fahmy 等模型[111]均严重低估了强度试验值 f'_{cc}；在图 3-6(c)中，Y. Xiao 等模型[106]的预测值出现了明显高估，然而有些预测值却小于对应的未约束混凝土强度 f'_{co}，甚至出现了负值；图 3-6(b)、图 3-6(d)、图 3-6(e)、图 3-6(g)中，M. Samaan 等[74]、吴刚等[83]和 L. Lam 等[80]等模型的预测较好，而本章模型的预测精度是最高的。

为了进一步评价本章提出的预测强度模型，即式(3-17)，采用 Z. C. Girgin 等[112]使用过的 IAE 指标(Integral absolute error)及 MAPE 评价指标(Mean absolute percentage error)：

$$\mathrm{IAE}=\sum\frac{\sqrt{[\mathrm{expe.}(f'_{cc}/f'_{co})-\mathrm{pred.}(f'_{cc}/f'_{co})]^2}}{\sum\mathrm{expe.}(f'_{cc}/f'_{co})}\tag{3-18}$$

$$\mathrm{MAPE}=\frac{\sum_{i=1}^{N}|E_i|}{N}\tag{3-19}$$

式中　$\mathrm{expe.}(f'_{cc}/f'_{co})$，$\mathrm{pred.}(f'_{cc}/f'_{co})$——强度比 f'_{cc}/f'_{co}的试验值和模型计算值。

$$E_i=\frac{f'^{\mathrm{expe}}_{cc,i}-f'^{\mathrm{pred}}_{cc,i}}{f'^{\mathrm{expe}}_{cc,i}}\times 100$$

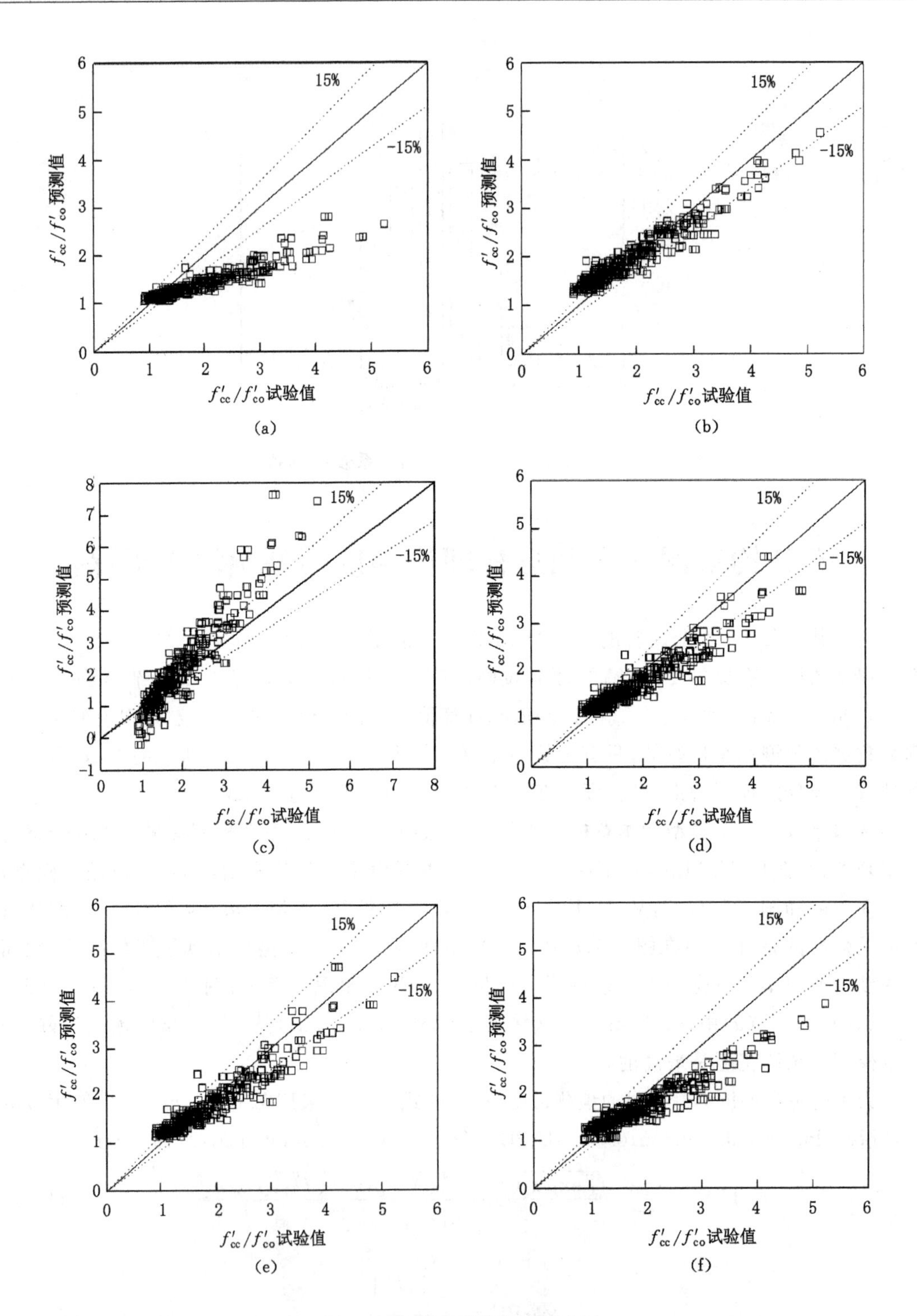

图 3-6　各强度模型的预测水平

(a) V. M. Karbhari 等模型；(b) M. Samaan 等模型；(c) Y. Xiao 等模型；
(d) Y. F. Wu 等模型；(e) L. Lam 等模型；(f) M. F. M. Fahmy 等模型

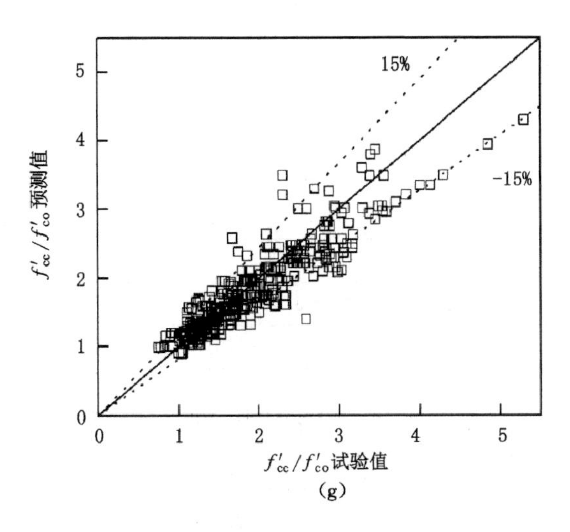

续图 3-6　各强度模型的预测水平

(g) 本章圆柱强度模型

IAE 指标是一个对模型预测误差非常敏感的统计指标[112]，显然 IAE 值越小，模型预测的误差就越小，同理 MAPE 指标也具备相同的性质。各模型的 IAE 值和 MAPE 值如表 3-2 和图 3-7 和图 3-8 所示，可见本书理论强度模型的统计数据最多，且模型采用 FRP 实际拉断应变 $\varepsilon_{j,u}$ 进行预测的精度最高，指标 IAE 值和 MAPE 值最小；采用 $0.66\varepsilon_f$ 应变值进行预测的精度未达到最好，因为该应变值为统计分析得到，数据具有一定离散性，但若采用该应变值对约束圆柱的强度进行预测，其精度仍是较高的。综上所述，本书圆柱理论强度模型的预测水平较高，预测精度满足使用要求。

表 3-2　强度模型的评价

强度模型	f'_{cc}/f'_{co}	IAE/%	MAPE/%
M. N. Fardis 等[113]	$1+4.1(f_l/f'_{co})$	33.49	33.30
H. A. Toutanji[114]	$1+3.5(f_l/f'_{co})^{0.85}$	30.52	33.15
V. M. Karbhari 等(理论模型)[96]	$1+3.1\nu_c(E_l/E_c)+f_l/f'_{co}$	27.22	22.56
Y. Xiao 等[106]	$1.1+(4.1-0.75f'^2_{co}/C_j)(f_l/f'_{co})$	23.75	23.23
A. Mirmiran 等[115]	$1+4.269(f_l^{0.589}/f'_{co})$	23.18	18.87
M. F. M. Fahmy 等[111]	$\begin{cases}1+4.5f_l^{0.7}/f'_{co} & (f'_{co}\leqslant 40\text{ MPa})\\ 1+3.75f_l^{0.7}/f'_{co} & (f'_{co}>40\text{ MPa})\end{cases}$	16.43	14.58
L. Gunawan 等[46]	$0.616+f_{l,j}/f'_{co}+1.57\sqrt{0.06+f_{l,j}/f'_{co}}$	15.93	13.93
M. N. Youssef 等[6]	$1+2.25(f_l/f'_{co})^{1.25}$	13.70	12.02
T. C. Rousakis 等[116]	$1+(\rho_f E_f/f'_{co})\cdot(-0.4142E_f\times10^{-7}+0.0248)$	13.55	12.12
K. Miyauchi 等[117]	$1+2.98(f_l/f'_{co})$	13.03	11.95
L. Lam 等[118]	$1+2.0(f_l/f'_{co})$	12.83	11.78
S. Matthys 等[99]	$1+2.3(f_l/f'_{co})^{0.85}$	12.60	14.07

续表 3-2

强度模型	f'_{cc}/f'_{co}	IAE/%	MAPE/%
M. Samaan 等[74]	$1+6.0(f_l^{0.7}/f'_{co})$	12.59	14.42
M. Saafi 等[119]	$1+2.2(f_l/f'_{co})^{0.84}$	12.45	13.61
V. M. Karbhari 等(经验模型)[96]	$1+2.1(f_l/f'_{co})^{0.87}$	12.11	12.49
M. H. Harajli[120]	$1+4.1(f_{l,j}/f'_{co})$	11.92	13.06
L. Lam 等[118]	$1+3.3(f_{l,j}/f'_{co})$	11.45	11.09
Y. F. Wu 等[45]	$1+2.23(f_l/f'_{co})^{0.96}$	11.22	11.36
本章强度模型($0.66\varepsilon_f$)	$\frac{f'_{cc}}{f'_{co}}=0.563+\frac{f_l}{f'_{co}}+1.50\sqrt{\frac{f_l}{f'_{co}}+0.085}$	11.08	10.56
Z. C. Girgin[121]	$f_l/f'_{co}+\sqrt{m(f_l/f'_{co})+1}$ $m=\begin{cases}2.9 & (7\leqslant f'_{co}\leqslant 18\text{ MPa})\\ 6.34-0.076f'_{co} & (20\leqslant f'_{co}\leqslant 82\text{ MPa})\\ 0.1 & (82\leqslant f'_{co}\leqslant 170\text{ MPa})\end{cases}$	10.99	10.78
Y. F. Wu 等[49]	$f_l/f'_{co}+\sqrt{(16.7/f'^{0.42}_{co}-f'^{0.42}_{co}/16.7)(f_l/f'_{co})+1}$	10.38	10.56
M. Liang 等[8]	$1+(2.61-0.01f'_{co})\cdot(f_l/f'_{co})$	10.32	10.15
本章强度模型($\varepsilon_{j,u}$)	$\frac{f'_{cc}}{f'_{co}}=0.563+\frac{f_{l,j}}{f'_{co}}+1.50\sqrt{\frac{f_{l,j}}{f'_{co}}+0.085}$	10.20	10.12
梁猛等[88]	$f'_{cc}/f'_{co}=1+(2.749-0.012f'_{co})(f_l/f'_{co})$	10.12	9.98

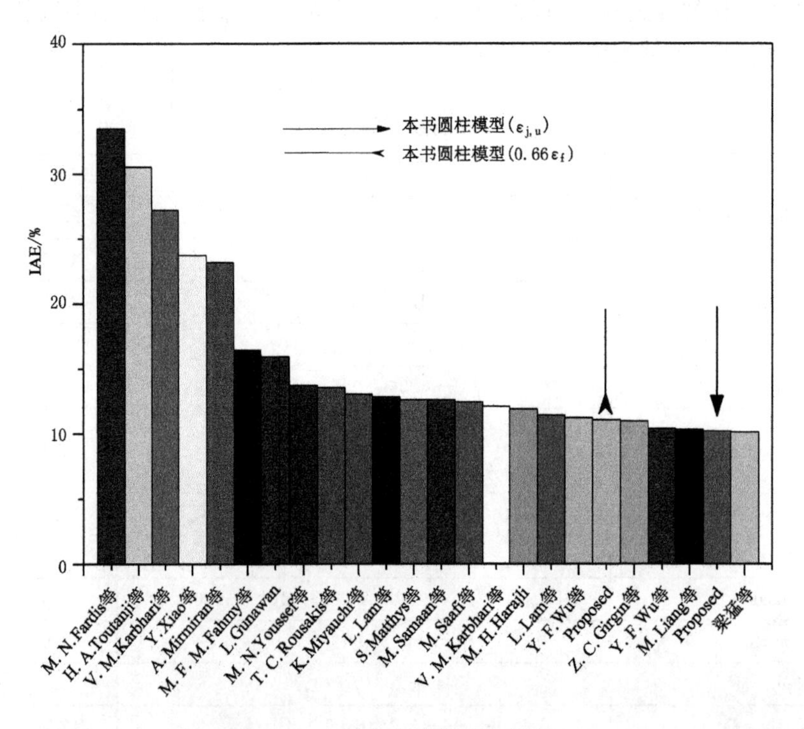

图 3-7　各强度模型的 IAE 评价

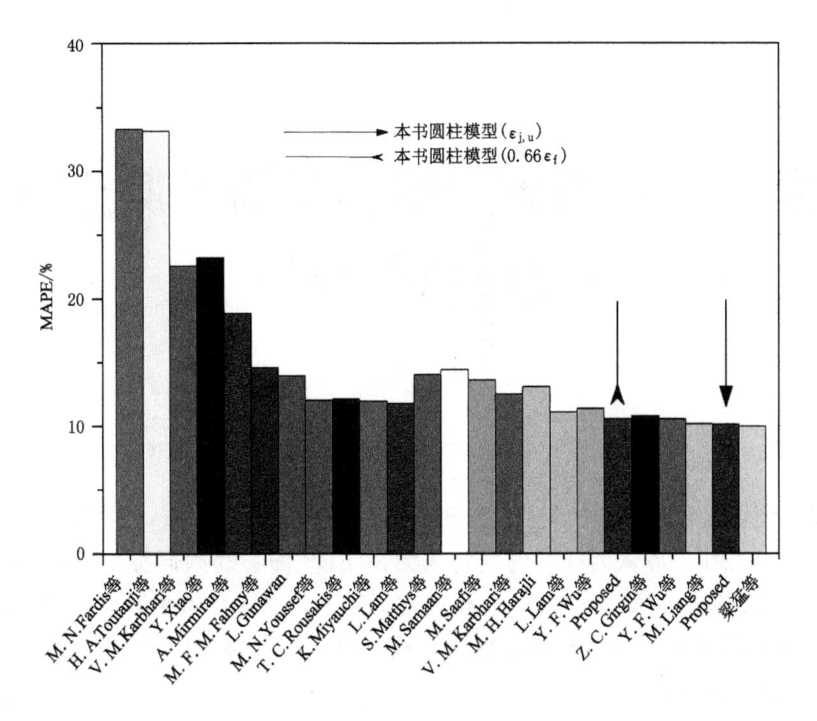

图 3-8　各强度模型的 MAPE 评价

不少学者的研究[8,16-18,45,49,118,121]发现，FRP 约束混凝土圆形柱的强度是否存在尺寸效应尚没有明确和统一的结论，基本上来看尺寸效应影响是不明显的，因此本书 FRP 约束混凝土圆形柱的理论强度模型未考虑尺寸效应的影响。本章提出的 FRP 约束圆柱强度模型涵盖的未约束混凝土抗压强度的范围是 $f'_{co}=19.4\sim169.7$ MPa，圆柱直径范围 $D=76\sim610$ mm，FRP 包裹层数最多为 15 层，强度模型的适用范围较广。

3.4　本章小结

FRP 复合材料约束混凝土柱的强度模型一般分为理论模型、半经验模型和经验模型。理论模型主要通过理论推导或者计算分析得到，经验模型直接对试验数据进行回归分析得到，而半经验模型则介于上述两类模型之间，一般事先设定某种形式的方程，然后采用数据拟合的方法得到方程中的参数，其中理论推导或计算分析的工作比重相对较小。

本章主要研究 FRP 约束混凝土圆形柱的理论强度模型。由于 FRP 约束圆柱的侧向约束一般情况下较强，存在尺寸效应的试验数据较少且规律性不明显，所以 FRP 约束圆柱的强度模型未考虑尺寸效应影响，主要结论如下：基于 Mohr 强度理论，通过不同 Mohr 应力圆(简称莫尔圆)之间的关系，推导了适用于 FRP 约束混凝土圆柱的强度公式，讨论了模型中未约束混凝土的单轴抗压强度与抗拉强度的比值 f'_t/f'_c，得到 FRP 约束混凝土圆柱的理论强度模型，该模型涵盖的未约束混凝土抗压强度的范围是 $f'_{co}=19.4\sim169.7$ MPa，圆柱直径范围 $D=76\sim610$ mm，FRP 包裹层数最多为 15 层，因此强度模型的适用范围较广。最后通过与其他圆柱强度模型的比较，可以看出本章提出的模型具有较高预测水平。

第 4 章　FRP 约束砌体和钢筋混凝土方形柱理论强度模型

4.1　引言

目前，FRP 约束混凝土方柱的理论强度模型较少。C. Pellegrino 等模型[48]属于半经验强度模型，C. Pellegrino 等认为圆柱侧向约束力由 FRP 和箍筋共同提供，其中箍筋约束力的加权因子为箍筋包络面积与总截面面积的比值，FRP 应变有效系数 k_ε 主要受柱纵筋影响，最后提出配筋和未配筋的方柱强度模型。模型以方柱角部影响系数 $2r_c/B=0.3$ 为界，大于或不大于该值的表达形式不同。

Y. F. Wu 等[49]建立在 Hoek-Brown 岩石破坏准则[54]基础上，推导了 FRP 约束混凝土柱的强度公式，式中的材料参数 m、s 与 f'_t/f'_c 间的方程式由边界条件确定，求得 m 和 f'_t/f'_c 的关系，再通过 FRP 约束混凝土圆柱的试验数据回归，最后在圆柱模型中加入方柱角部影响系数，得到方柱强度模型，并验证了该模型的预测水平。

国内外学者[130-134, 136-141]对砖砌体方形和矩形截面柱的轴压性能进行了研究，提出了经验强度模型和极限应变模型。由于砌体工程中砖砌体柱截面尺寸往往不大，故本章对 FRP 约束砌体方柱的强度模型暂不考虑砖柱尺寸对其抗压强度的影响。

4.2　FRP 约束砌体方形柱强度模型

考虑到若 FRP 的侧向约束力较低，则砖砌体柱的抗压强度提高程度不大甚至无增长（但该情况下砖砌体柱的延性提高程度依旧较明显），可认为当 FRP 约束较弱时，约束砌体方柱抗压强度等于未约束情况下的强度。

因此，以 D. Krevaikas 等[134]的研究为基础，通过对国内外试验数据[130-134, 136-141]的回归分析，得到 FRP 加固砌体方柱的抗压强度模型如下：

$$f_{Mc}=f_{Mo}\quad\left(\frac{f_{lu}}{f_{Mo}}\leqslant 0.22\right)\tag{4-1}$$

$$f_{Mc}=f_{Mo}\left(0.63+1.68\frac{f_{lu}}{f_{Mo}}\right)\quad\left(\frac{f_{lu}}{f_{Mo}}>0.22\right)\tag{4-2}$$

这里，f_{Mc}和 f_{Mo}分别为约束和未约束 FRP 砌体方柱的抗压强度，f_{lu}为砌体方柱破坏时的 FRP 极限约束力。

参照第 3 章对 FRP 的约束力表达式，FRP 极限约束力 f_{lu}为：

$$f_l = \kappa_a \cdot \frac{2t_f E_f \varepsilon_{j,u}}{B} = \left[1 - \frac{2\ (B - 2r_c)^2}{3A}\right] \cdot \frac{2t_f E_f \varepsilon_{j,u}}{B} \tag{4-3}$$

式中　κ_a——方形柱截面形状系数；

B——方形柱截面尺寸；

$t_f, E_f, \varepsilon_{j,u}$——FRP 的名义厚度、弹性模量和试件破坏时 FRP 的环向极限应变。

由于本章砌体方柱的强度模型建立在现有收集到的试验数据基础上，其预测精度要高于其他强度模型，即 IAE 指标[式(3-19)]和 MAPE 评价指标[式(3-20)]表现较好，故本章强度模型可以对砌体方柱的抗压强度进行较好预测。

4.3　FRP 约束混凝土方柱理论强度模型-Ⅰ

4.3.1　模型-Ⅰ的建立

对于 FRP 约束混凝土方形柱，很多因素均影响其强度比(f'_{cc}/f'_{co})，但有学者[45]指出方柱的倒角半径与其 1/2 边长的比值 $\rho(\rho=2r_c/B)$对约束方柱强度最为明显，因此 FRP 的有效侧向约束力可写成 $f_l f(\rho)$的形式，其中 $f(\rho)$为方柱角部影响系数(以下简称为角部系数)。这里的形状系数反映两方面的作用：

(1) 柱角部造成了侧向约束力不均匀，从而形成的形状效应，$f_1(\rho)$；

(2) 方柱环向 FRP 的实际拉断应变(或称为有效拉伸应变)形成的侧向约束力，$f_2(\rho)$。

在 Y. F. Wang 等[45]的研究中，模型的初始形式如下：

$$\frac{f'_{cc}}{f'_{co}} = 1 + k_s \cdot \left(\frac{f_{l,j}}{f'_{co}}\right)^{\gamma} \tag{4-4}$$

式中　k_s——方柱形状的影响；

$f_{l,j}$——FRP 环箍实际拉断应变形成的约束力；

γ——回归系数。

Y. F. Wang 等[45]将上述两方面的形状系数函数 $k_s=f_1(\rho)$、$f_l=f_2(\rho)f_{l,j}$合并写成一个函数形式 $f(\rho)$，共同反映方柱形状对抗压强度的影响，则式(4-4)变为：

$$\frac{f'_{cc}}{f'_{co}} = 1 + f_1(\rho)\left[\frac{f_2(\rho)f_{l,j}}{f'_{co}}\right]^{\gamma} = 1 + f_1(\rho)f_2^{\gamma}(\rho)\left(\frac{f_l}{f'_{co}}\right)^{\gamma} = 1 + f(\rho)\left(\frac{f_l}{f'_{co}}\right)^{\gamma} \tag{4-5}$$

式中　f_l——根据 FRP 条带拉伸试验(Coupon test)测得的极限拉应变计算得到的约束力。

因此，将形状函数直接代入第 3 章强度公式——式(3-17)，得到约束方柱理论强度模型-Ⅰ的方程形式：

$$\frac{f'_{cc}}{f'_{co}} = 0.563 + \frac{f_l}{f'_{co}}f(\rho) + 1.50\sqrt{\frac{f_l}{f'_{co}}f(\rho) + 0.085} \tag{4-6}$$

根据 Y. F. Wang 等[45]的研究，假设形状函数如下：

$$f(\rho) = \rho^{\alpha} \tag{4-7}$$

式中　α——常数，由试验数据回归得到。

显然，$f(\rho)=0$ 或者 1 分别对应于未倒角方柱和圆柱的情况。

这样，式(4-3)变为以下形式：

$$\frac{f'_{cc}}{f'_{co}} = 0.563 + \frac{f_l}{f'_{co}}\rho^{\alpha} + 1.50\sqrt{\frac{f_l}{f'_{co}}\rho^{\alpha} + 0.085} \tag{4-8}$$

经过对试验数据的回归，计算得到 $\alpha = 0.87$，式(4-8)则变为：

$$\frac{f'_{cc}}{f'_{co}} = 0.563 + \frac{f_l}{f'_{co}}\rho^{0.87} + 1.50\sqrt{\frac{f_l}{f'_{co}}\rho^{0.87} + 0.085} \tag{4-9}$$

式(4-9)即为模型-Ⅰ的表达式，式中的约束力 f_l 由 FRP 条带拉伸试验(Coupon test)测得的极限拉应变计算得到，方便使用。该模型参数回归采用的数据涵盖了 $f'_{co}=10.0\sim55.2$ MPa范围内的混凝土。

4.3.2 模型-Ⅰ的预测水平评价

本书共收集了 17 个试验的 230 个较小尺寸 FRP 约束混凝土方形柱的数据，混凝土强度范围 $f'_{co}=10.0\sim55.2$ MPa，FRP 层数最多为 8 层。将 230 个 f'_{cc}/f'_{co} 的试验值和计算值放入图 4-1 进行比较，发现模型对绝大部分数据的预测都是良好的，只有少数数据预测存在较大误差，原因是试件所包的 FRP 过早断裂或者充分发挥了约束性能，即应变有效系数 k_{ε} 过小或接近于 1.0。

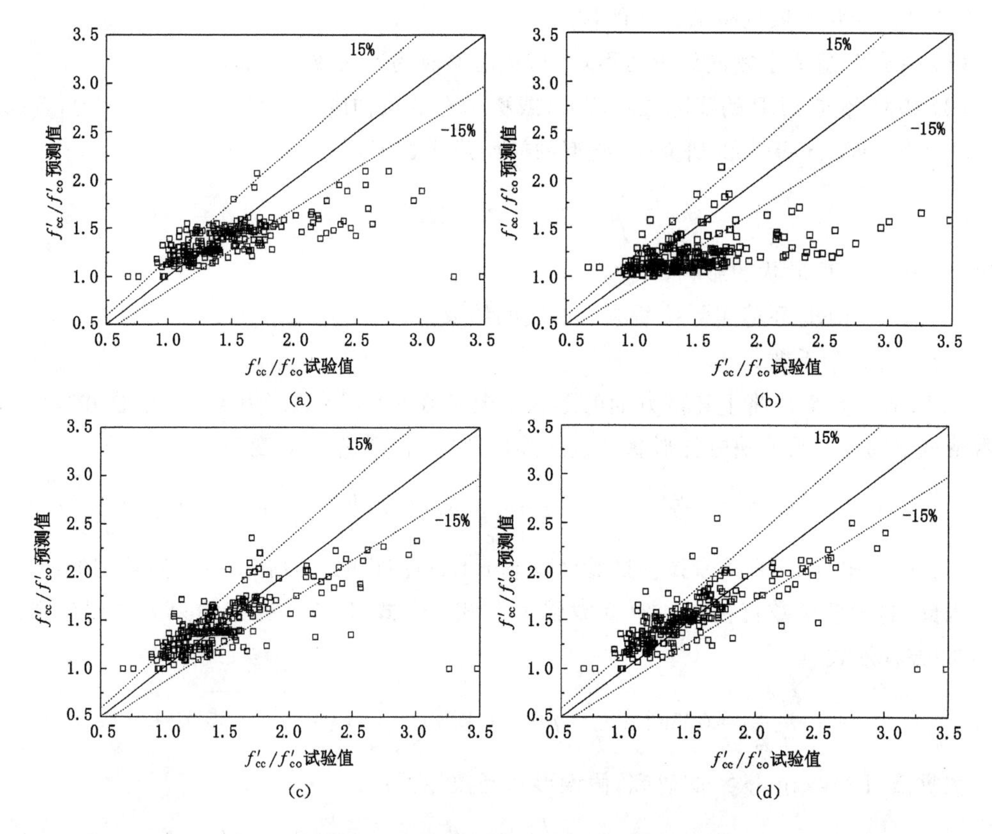

图 4-1 各强度模型的预测水平

(a) L. A. E. Shehata 等模型[39]；(b) G. Campione 等模型[40]；(c) Y. F. Wu 等模型[49]；(d) 本书模型-Ⅱ

选取已有的 L. A. E. Shehata 等[39]、G. Campione 等[40]、Y. F. Wu 等[49]模型和本书模型-Ⅰ进行对比，如图 4-1 所示，每个模型都采用 230 个试验数据用来评价。在图 4-1(a)和图 4-1(b)中，L. A. E. Shehata 等[39]、G. Campione 等[40]均明显低估了强度试验值 f'_{cc}；在图 4-1(c)和图 4-1(d)中，目前已有模型中精度最高的 Y. F. Wu 等[49]模型预测值存在一定的离散性，而本书模型-Ⅰ的预测水平较高，预测值的离线性较小。

为了进一步评价本书提出的强度模型-Ⅰ，即式(4-9)，采用第 3 章的使用过的 IAE 指标[式(3-19)]和 MAPE 评价指标[式(3-20)]。如表 4-1 所示，T. Pham 等模型[51]、Y. F. Wu 等模型[45]、Y. F. Wu 等模型[49]等预测水平较高，与模型-Ⅰ的预测水平比较接近，模型-Ⅰ的 IAE 指标和 MAPE 指标值最低。为了直观看到和比较各个模型的预测水平，将模型的 IAE 值和 MAPE 值列于图 4-2 和图 4-3，可以看到模型-Ⅰ的精度较好。

表 4-1　　方柱强度模型的评价

强度模型	f'_{cc}/f'_{co}	IAE/%	MAPE/%
J. I. Restrepo 等[36]	$\frac{f'_{cc}}{f'_{co}}=\alpha_1\alpha_2$ $\alpha_1=1.25\left(1.8\sqrt{1+7.94\frac{f_{l,j1}}{f'_{co}}}-1.6\frac{f_{l,j1}}{f'_{co}}-1\right)$ $\alpha_2=\left[1.4\frac{f_{l,j2}}{f_{l,j1}}-0.6\left(\frac{f_{l,j2}}{f_{l,j1}}\right)^2-0.8\right]\sqrt{\frac{f_{l,j1}}{f'_{co}}}+1$ $f_{l,jx}=\frac{2nt}{b}k_s f_j,\ f_{l,jy}=\frac{2nt}{h}k_s f_j$ $k_s=1-\frac{(b-2r)^2+(h-2r)^2}{3bh(1-A_s)}$	30.03	32.88
A. Mirmiran 等[37]	$1+6.0\left(\frac{2r}{D}\right)\left(\frac{f_l^{0.7}}{f'_{co}}\right)$	15.81	16.93
ACI440[38]	$-1.254+2.254\sqrt{1+\frac{7.94k_s f_l}{f'_{co}}}-2\frac{k_s f_l}{f'_{co}}$	14.40	13.37
L. A. E. Shehata 等[39]	$1+0.85\left(\frac{f_l}{f'_{co}}\right)$	25.63	24.00
G. Campione 等[40]	$1+2.0k_s\left(\frac{f_l}{f'_{co}}\right)$	16.38	16.02
A. Ilki 等[41]	$1+2.4\left(\frac{f'_{l\max}}{f'_{co}}\right)^{1.2}$	18.27	18.99
L. Lam 等[21]	$1+3.3\left(\frac{A_e}{A_c}\right)\left(\frac{f_l}{f'_{co}}\right)$	12.20	11.72
Y. A. Al-Salloum 等[42]	$1+3.14k_s\left(\frac{b}{D}\right)\left(\frac{f_l}{f'_{co}}\right)$	20.54	19.80
M. H. Youssef 等[6]	$\frac{f'_{cc}}{f'_{co}}=0.5+1.225\left(\frac{k_s f_j}{f'_{co}}\right)^{0.6}$　(硬化型) $\frac{f'_{cc}}{f'_{co}}=1+1.135\left(\frac{\rho_f E_{FRP}\varepsilon_{jt}}{f'_{co}}\right)^{1.25}$　(软化型)	38.88	36.65
R. Kumutha 等[43]	$1+0.93\left(\frac{f_l}{f'_{co}}\right)$	17.77	18.60

续表 4-1

强度模型	f'_{cc}/f'_{co}	IAE/%	MAPE/%
C. Pellegrino 等[48]	$1+2.55\left(\frac{P_u}{f'_{co}}\right)^{0.75}\left[1-2.5\left(0.3-\frac{2r}{b}\right)\right]$ （无筋柱） $1+1.35\left(\frac{P_u}{f'_{co}}\right)^{0.50}\left[1-2.5\left(0.3-\frac{2r}{b}\right)\right]$ （配筋柱）	14.44	15.51
T. Pham 等[51]	$0.68+3.91\frac{f_{l,e}}{f'_{co}}$ （硬化型）， 且适用于 $f_{l,e}/f'_{co}\geqslant 0.15$ 的情况	12.31	12.75
Y. F. Wu 等[45]	$1+2.23\rho^{0.73}\left(\frac{f_l}{f'_{co}}\right)^{0.96}$	11.09	12.32
Y. F. Wu 等[49]	$\frac{f_l}{f'_{co}}\rho^{0.85}\sqrt{\left(\frac{16.7}{f'^{0.42}_{co}}-\frac{f'^{0.42}_{co}}{16.7}\right)\frac{f_l}{f'_{co}}\rho^{0.85}+1}$	10.80	11.11
本书模型-Ⅱ	$1+3\rho\left(\frac{f_l}{f'_{co}}\right)^{1.2}$	10.55	11.18
本书模型-Ⅰ	$\frac{f'_{cc}}{f'_{co}}=0.563+\frac{f_l}{f'_{co}}\rho^{0.87}+1.50\sqrt{\frac{f_l}{f'_{co}}\rho^{0.87}+0.085}$	10.16	10.93

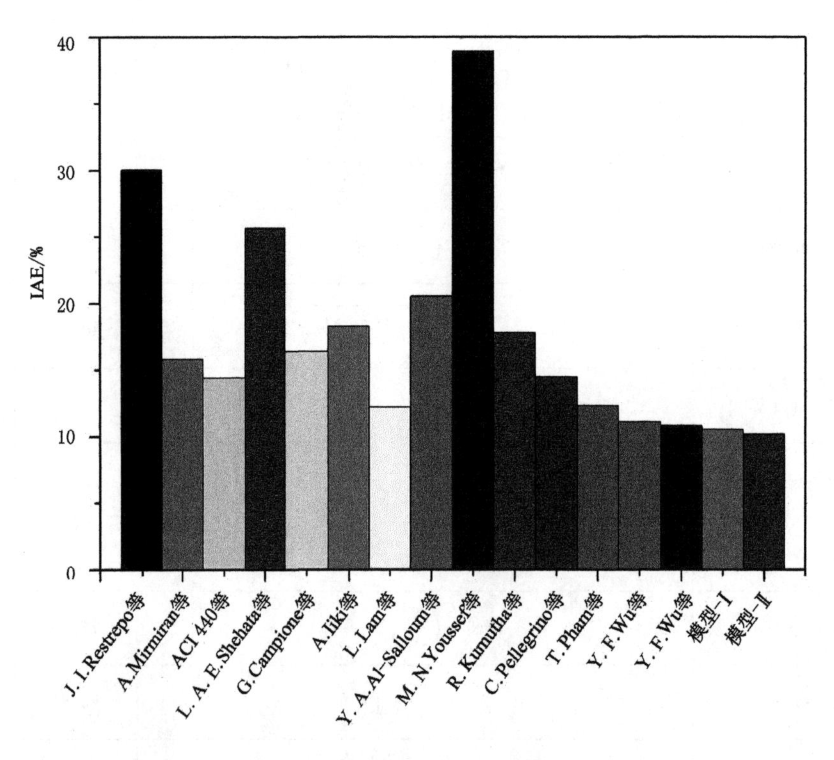

图 4-2　各强度模型的 IAE 评价

方柱强度模型-Ⅰ可以预测的未约束混凝土强度的范围为 $f'_{co}=10.0\sim55.2$ MPa，FRP 层数最多为 8 层。

注意，本书模型中的未约束混凝土强度 f'_{co}，若是钢筋混凝土柱，则根据《混凝土结构设

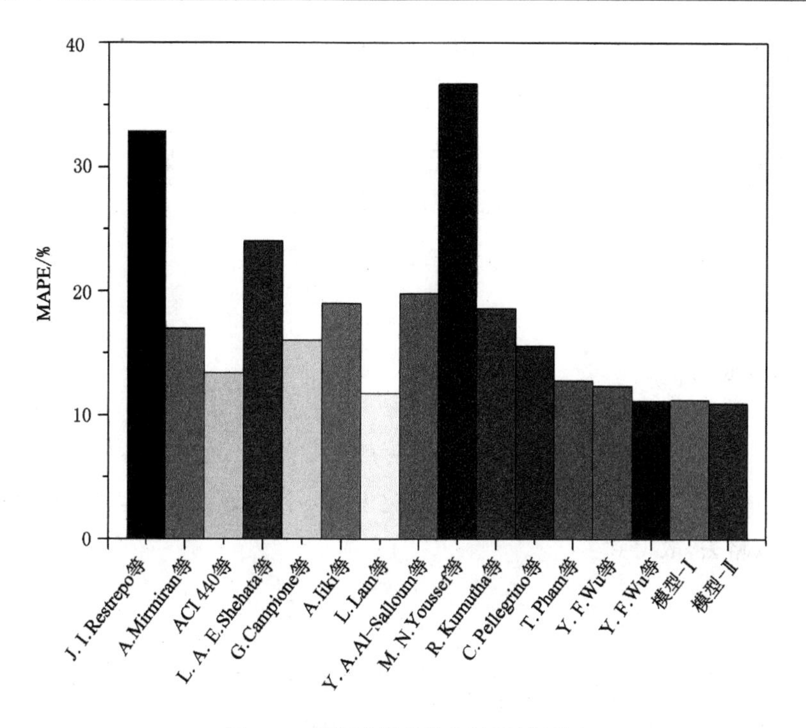

图 4-3　各强度模型的 MAPE 评价

计规范》(GB 50010—2010)[124]第 6.2.15 条的建议，忽略箍筋侧向约束力对柱承载力的贡献，表达式如下：

$$f'_{co}=f'_{c}+f_{y}\frac{A_{s}}{A_{c}} \tag{4-10}$$

式中　f'_c，f_y——混凝土和纵向钢筋的压应力；

A_s，A_c——柱和纵筋的截面面积。

以下研究内容均属于该情况，不再赘述。

4.4　FRP 约束混凝土方柱理论强度模型-Ⅱ

虽然强度模型-Ⅰ的预测效果比较理想，但仍属于不考虑尺寸效应的模型，若在模型中添加尺寸效应影响函数等，则会因为其略复杂的方程形式而应用不便，因此考虑建立方程形式较简单且预测水平也较高的强度模型，下文简称为模型-Ⅱ。

模型-Ⅱ的提出仍建立在 Mohr 强度理论[53]基础上，建立过程部分与第 3 章内容相同，即式(3-3)至式(3-16)，但在对式(3-16)方程形式的后续处理方法上发生改变，处理过程如下。

为简化方程形式，先将式(3-14a)中参数 a 代入式(3-16)，得到：

$$\frac{f'_{cc}}{f'_{c}}=a+\frac{f_{l}}{f'_{c}}+2\sqrt{a}\sqrt{\frac{f_{l}}{f'_{c}}+\frac{f'_{t}}{f'_{c}}} \tag{4-11}$$

对上式中的$\sqrt{\frac{f_{l}}{f'_{c}}+\frac{f'_{t}}{f'_{c}}}$进行二项式展开。由于二项式的阶次<1.0(即 1/2)，展开各项

的指数小于 1.0，甚至小于 0，故引入 Γ 函数如下：

$$\Gamma(s)=\int_{0}^{+\infty} e^{-x} x^{s-1} dx \tag{4-12}$$

同时采用广义阶乘中的递推公式、余元公式和其他性质分别如下：

$$\Gamma(s+1) = s \cdot \Gamma(s) \tag{4-13}$$

$$\Gamma(s) \cdot \Gamma(1-s) = \frac{\pi}{\sin (s\pi)} \tag{4-14}$$

$$\Gamma(s+1) = s! \tag{4-15}$$

则式(4-11)变为：

$$\frac{f'_{cc}}{f'_{c}} = a+\sqrt{a}\left[\frac{f_1}{\sqrt{a}f'_{c}}+2\left(\frac{f_1}{f'_{c}}\right)^{1/2}+\frac{f'_{t}}{\sqrt{\pi}f'_{c}}\left(\frac{f_1}{f'_{c}}\right)^{-1/2}+\frac{1}{4\sqrt{\pi}}\left(\frac{f'_{t}}{f'_{c}}\right)^{2}\left(\frac{f_1}{f'_{c}}\right)^{-3/2}\right] \tag{4-16}$$

因为通常情况下 $f'_{t}/f'_{c} \leqslant 0.1$，所以为简化上式，可令 $a=1$，且上式方括号中最后一项的值较小，可以略去，故得到：

$$\frac{f'_{cc}}{f'_{c}} = 1+\frac{f_1}{f'_{c}}+2\left(\frac{f_1}{f'_{c}}\right)^{1/2}+\frac{f'_{t}}{\sqrt{\pi}f'_{c}}\left(\frac{f_1}{f'_{c}}\right)^{-1/2} \tag{4-17}$$

注意到式(4-17)最后一项中 $f'_{t}/(\sqrt{\pi}f'_{c})$ 的值较小(<0.06)，而且随着约束比 f_1/f'_{c} 的增加，$(f_1/f'_{c})^{-1/2}$ 的值呈递减趋势，因此略去上式中的最后一项，得：

$$\frac{f'_{cc}}{f'_{c}} = 1+\frac{f_1}{f'_{c}}+2\left(\frac{f_1}{f'_{c}}\right)^{1/2} \tag{4-18}$$

考虑到二项式的展开形式，可进一步地简化式(4-18)，得到幂函数形式的方程如下：

$$\frac{f'_{cc}}{f'_{c}} = 1+\lambda_1\left(\frac{f_1}{f'_{c}}\right)^{\lambda_2} \tag{4-19}$$

式中　λ_1，λ_2——经验参数。

通过对 FRP 约束混凝土的试验数据回归得到，但式(4-19)仍适用于对约束混凝土圆形柱强度的预测。

因此，与模型-Ⅰ的处理方法相同，将方柱角部系数 ρ 添加到式(4-19)中得到如下形式：

$$\frac{f'_{cc}}{f'_{c}} = 1+\lambda_1\rho^{\alpha}\left(\frac{f_1}{f'_{c}}\right)^{\lambda_2} \tag{4-20}$$

对收集的 17 个试验的 230 个 FRP 约束混凝土方形柱数据进行拟合，得到经验参数 $\lambda_1=3.02$，$\lambda_2=1.20$，$\alpha=1.04$，则强度模型-Ⅱ可写为：

$$\frac{f'_{cc}}{f'_{co}} = 1+3\rho\left(\frac{f_1}{f'_{co}}\right)^{1.2} \tag{4-21}$$

式中　f_1——约束力，由 FRP 条带拉伸试验(Coupon test)得到。

方柱强度模型-Ⅱ适用范围为 $f'_{co}=10.0\sim55.2$ MPa。

这里先将模型-Ⅱ与其他已有强度模型进行比较，评价其预测水平，下一步再考虑试件尺寸对抗压强度造成的影响。模型-Ⅱ的预测水平参见第 4.3 节中的图 4-1 至图 4-3 及表 4-1，可见模型-Ⅱ的预测水平略低于模型-Ⅰ，但其完全满足对 FRP 约束混凝土方柱强度预测的需要，且模型-Ⅱ的形式较简单，方便使用。

4.5　考虑尺寸效应影响的强度模型-Ⅱ*

截至目前，尚未有研究提出考虑尺寸效应影响的 FRP 约束方形柱强度模型，本节的研究建立在上节模型-Ⅱ基础上，通过拟合符合尺寸效应研究条件的试验数据，得到考虑尺寸效应的强度模型-Ⅱ*。这里的符合尺寸效应研究条件，是指试件所受的侧向约束力 f_l 不随试件的尺寸发生改变[式(1-1)]。

本书共收集 286 个不同尺寸的 FRP 约束混凝土方柱的试验数据，首先在不考虑尺寸效应的情况下比较各模型的预测水平。由图 4-4 看出，现有模型[6,39-40,43,49]及本书模型对方柱强度的预测出现了一定偏差，即随着试件尺寸的增大，(f'^{pred}_{cc}/f'^{expe})预测值有提高的趋势，说明未考虑试件尺寸影响会导致模型的预测值偏大。

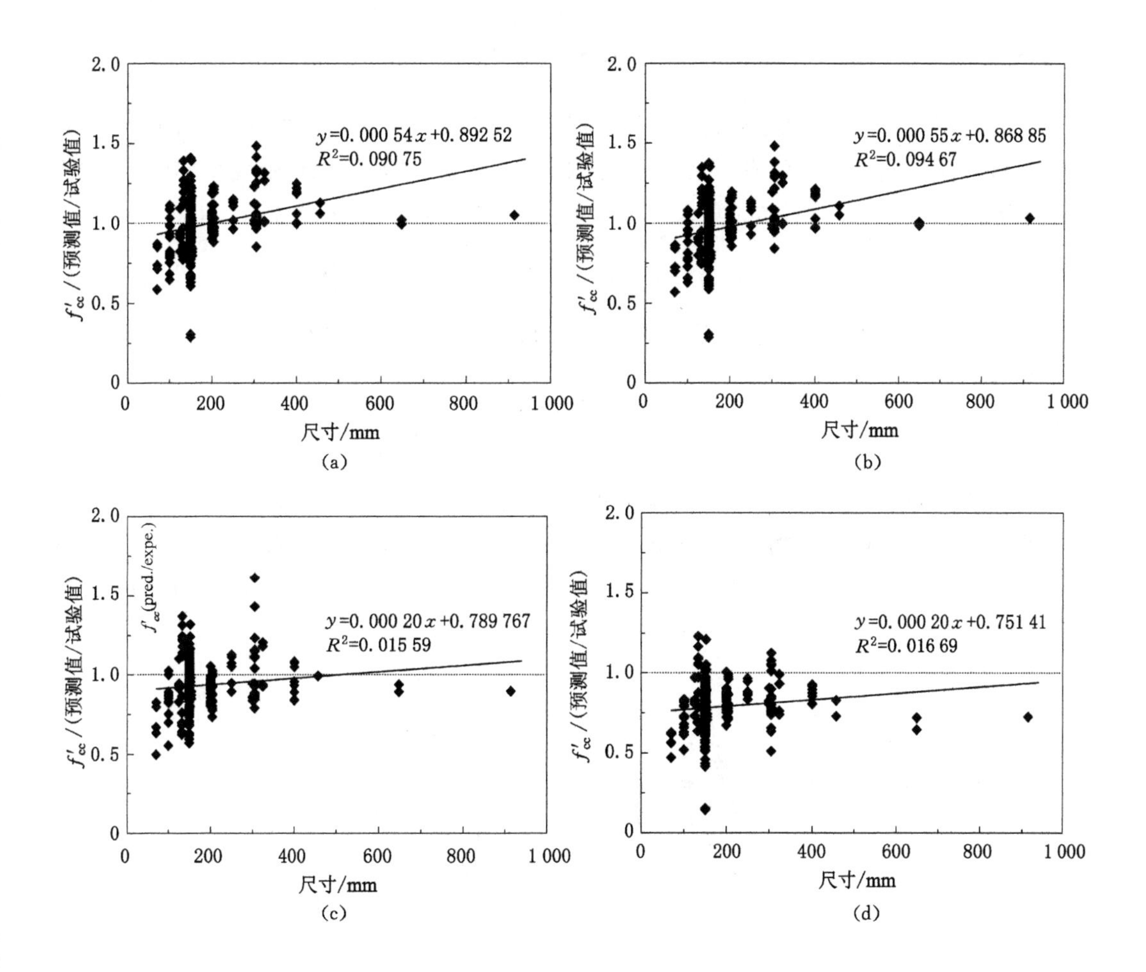

图 4-4　不考虑尺寸效应情况下的各强度模型预测水平

(a) R. Kumutha 等模型[43]；(b) L. A. E. Shehata 等模型[39]；(c) G. Campione 等模型[40]；(d) M. N. Youssef 等模型[6]

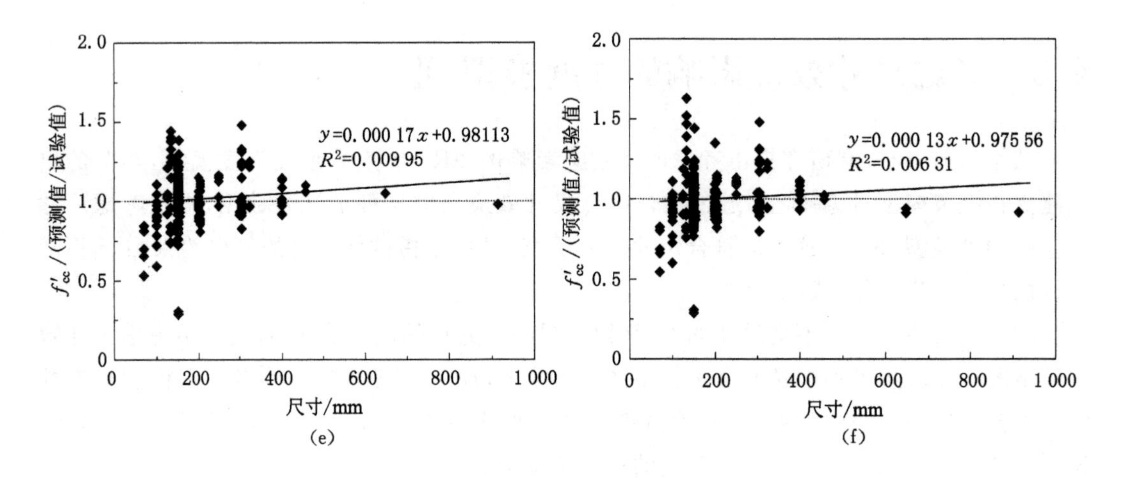

续图 4-4　不考虑尺寸效应情况下的各强度模型预测水平

(e) Y. F. Wu 等模型[49]；(f) 本书模型-Ⅱ

为避免模型在预测大尺寸混凝土柱强度时的偏高情况，本节以强度模型-Ⅱ[式(4-21)]为基础，在模型中引入尺寸效应影响系数 γ_U，以此提高大尺寸混凝土柱强度预测的可靠性。参考陆新征等[125]的研究，考虑试件尺寸效应的强度模型-Ⅱ*表达式如下：

$$\frac{f'_{cc}}{f'_{co}}=\left[1+3\rho\left(\frac{f_l}{f'_{co}}\right)^{1.2}\right]\cdot(\gamma_U)=\left[1+3\rho\left(\frac{f_l}{f'_{co}}\right)^{1.2}\right]\cdot(\gamma_1 B^{\gamma_2}) \tag{4-22}$$

下面通过对包含本书第 2 章表 2-11 数据的拟合，得 $\gamma_1=1.49$，$\gamma_2=-0.05$，则上式变为：

$$\frac{f'_{cc}}{f'_{co}}=\left[1+3\rho\left(\frac{f_l}{f'_{co}}\right)^{1.2}\right]\cdot(1.49B^{-0.05}) \tag{4-23}$$

模型-Ⅱ*对本书收集的 286 个试验数据的预测水平见图 4-5，可见考虑尺寸效应后的模型-Ⅱ*，可以较精确地预测 FRP 约束大尺寸混凝土柱的抗压强度。该模型适用于方柱截面尺寸 B=70～914 mm 和 f'_{co}=10.0～55.2 MPa 范围内的混凝土方柱强度的预测。

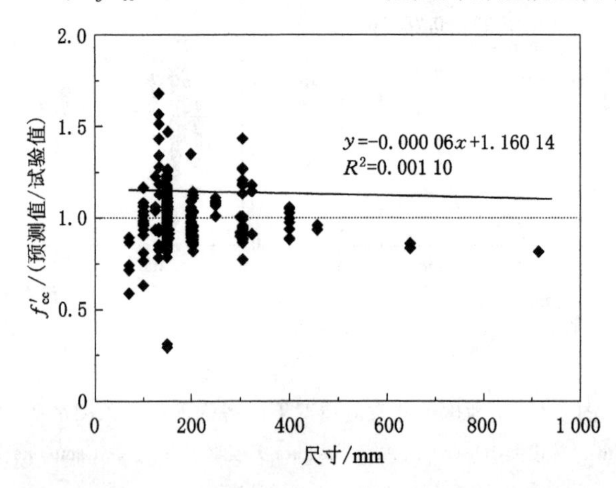

图 4-5　考虑尺寸效应情况下的强度模型-Ⅱ*预测水平

注：由于现有方柱强度模型的方程形式不同，故尺寸效应影响系数 γ_U 的表达形式亦不同。因此，本节不再一一列出现有的其他强度模型 γ_U 的表达式，以及考虑尺寸效应影响的现有模型预测水平。

4.6　本章小结

本章主要研究 FRP 约束混凝土方形柱的理论强度模型，本章模型主要分为两个：第一个是对第 3 章圆形柱强度模型稍作修改而建立，第二个仍然通过对 Mohr 强度理论的推导建立，然后将本章方柱强度模型与现有的模型进行对比。本章第一个强度模型是多项式形式（以下简称模型-Ⅰ），其预测精度略高于第二个幂函数形式的强度模型（以下简称模型-Ⅱ），但模型-Ⅰ的方程形式稍复杂，考虑尺寸效应影响系数时略显不便，故模型-Ⅰ仅针于不考虑尺寸效应的情况，在模型-Ⅱ基础上发展的模型-Ⅱ*，则考虑了尺寸效应的影响。

（1）在第 3 章约束圆柱强度模型基础上，将方柱角部影响系数（$2r_c/B$）作为参数，得到多项式形式的方柱强度模型（即模型-Ⅰ），该模型适用于 $f'_{co}=10.0\sim55.2$ MPa 范围内混凝土方柱的强度预测。通过模型-Ⅰ与现有模型的对比发现，模型-Ⅰ的预测水平较高。

（2）依据 Mohr 强度理论，通过不同 Mohr 应力圆（简称莫尔圆）之间的关系，推导了适用于 FRP 约束混凝土圆柱的强度公式，推导过程与第 3 章相同，仅在最后步骤中采用多项式展开方法得到幂函数形式的模型-Ⅱ，再将考虑试件尺寸的参数加入模型，根据现有试验数据得到考虑尺寸效应影响的理论强度模型-Ⅱ*。模型-Ⅱ*适用于混凝土方柱截面尺寸 $B=70\sim914$ mm，$f'_{co}=10.0\sim55.2$ MPa 范围内的强度预测。

（3）本书砖砌体方柱抗压强度不考虑尺寸效应，故建立在现有试验数据基础上，以侧向约束比 0.22 为界限，得到约束较强和较弱情况下的砌体方柱抗压强度模型公式，可以对目前工程中常见尺寸的砖砌体方形柱的抗压强度进行较好地预测。

第5章 结　　论

近些年来，很多学者提出了FRP约束混凝土柱的抗压强度、极限应变和应力—应变关系的模型，考虑到加载设备的最大加载能力和试验成本等问题，大多数研究将重点放在了小尺寸约束混凝土柱(柱试件边长或直径较多采用150 mm)的轴压性能上，但实际工程中混凝土柱的边长或直径往往较大，因此轴向荷载作用下FRP约束混凝土柱是否存在尺寸效应，即在小尺寸柱试验数据基础上发展的模型是否也适合于大尺寸柱，是值得研究的课题。

为了系统地研究FRP约束混凝土柱强度及变形的尺寸效应，本书采用了100 mm×100 mm×300 mm、200 mm×200 mm×600 mm、300 mm×300 mm×900 mm和400 mm×400 mm×1 200 mm 4种规格的混凝土方形柱试件，研究了CFRP约束混凝土方柱轴压性能的尺寸效应。同时根据Mohr强度理论，推导了FRP约束混凝土圆形柱和方形柱的理论强度模型，方柱强度模型又分为模型-Ⅰ、模型-Ⅱ和模型-Ⅱ*，其中模型-Ⅰ和模型-Ⅱ未考虑尺寸效应，模型-Ⅱ*则考虑了试件尺寸对强度预测的影响，主要研究结论如下：

(1) 随CFRP复合材料带来的侧向约束增强，不同尺寸方柱的抗压强度和极限应变均呈非线性增长，应力应变关系的第二段曲线由软化段过渡至平直段，再向硬化段发展。

(2) 随侧向约束的增加，方柱抗压强度的尺寸效应减弱，当侧向约束比($f_{l,e}/f'_{co}$)为0.15左右时，方柱强度的尺寸效应基本不存在；方柱轴向极限应变的尺寸效应受混凝土柱侧向约束的影响较小。

(3) 方柱轴向应力—应变关系的尺寸效应随侧向约束的增加而较弱，当侧向约束水平为中等程度时(即$f_{l,e}/f'_{co}=0.122$)时，其尺寸效应基本不存在(个别试件除外，可认为是由数据离散造成)；当约束水平较低时，方柱应力应变曲线的第二段呈现出尺寸效应现象。

(4) 通过对CFRP布连续缠绕和分层缠绕的方柱强度及应变进行比较，发现分层缠绕CFRP布的方柱抗压强度约为连续缠绕方柱强度的95%，极限应变减小较多，降低约40%，但因为数据比较离散，需进一步研究。可见若对混凝土柱进行FRP的连续缠绕包裹，其加固效果则更为显著。

(5) 由本试验看出，方柱在侧向约束情况下，CFRP布的应变有效系数$k_{\varepsilon}=0.47$，即CFRP布对钢筋混凝土方柱的侧向约束效率约为CFRP条形拉伸应力值(Coupon test)的47%。

(6) 基于Mohr强度理论，通过不同Mohr应力圆之间的关系，推导了多项式形式的FRP约束混凝土圆形柱强度公式，讨论了模型中未约束混凝土的单轴抗压强度与抗拉强度的比值f'_t/f'_c，得到FRP约束混凝土圆柱的理论强度模型，该模型涵盖的未约束混凝土抗压强度的范围是$f'_{co}=19.4\sim169.7$ MPa，圆柱直径范围$D=76\sim610$ mm，FRP包裹层数最多至 15 层。通过与其他圆柱强度模型的比较发现，本书提出的 FRP 约束混凝土圆柱强度模型具有较高的预测水平。

(7) 在第 3 章约束圆形柱强度模型基础上，将方柱角部影响系数($2r_c/B$)作为参数，得到多项式形式的方柱强度模型(即模型-Ⅰ)，该模型适用于 $f'_{co}=10.0\sim55.2$ MPa 范围内混凝土方柱的强度预测。通过模型-Ⅰ与现有模型的对比发现，模型-Ⅰ的预测水平较高。

(8) 同样基于 Mohr 强度理论，推导了幂函数形式的 FRP 约束混凝土圆柱强度模型，再将考虑试件尺寸的参数加入模型得到方柱强度模型-Ⅱ，最后根据现有试验数据得到考虑尺寸效应影响的理论强度模型-Ⅱ*。本书考虑尺寸效应影响的模型-Ⅱ*适用范围较广，混凝土方柱截面尺寸 $B=70\sim914$ mm、$f'_{co}=10.0\sim55.2$ MPa 范围内的强度可以得到较好预测。

(9) 由于本书中砖砌体方柱抗压强度不考虑尺寸效应，故建立在现有试验数据基础上，以侧向约束比 0.22 为界限，得到约束较强和较弱情况下的砌体方柱抗压强度模型公式，可以对目前工程中常见尺寸的砖砌体方形柱的抗压强度进行较好地预测。

参考文献

[1] 吴智深. FRP复合材料在基础工程设施的增强和加固方面的现状及发展[C]. 中国首届纤维增强复合材料(FRP)混凝土结构学术交流会. 北京:[出版社不详],2000:5-20.

[2] 叶烈平,冯鹏. FRP在工程结构中的应用与发展[J]. 土木工程学报,2006,39(3):24-36.

[3] THÉRIAULT M, NEALE KW, CLAUDE S. Fiber-reinforced polymer-confined circular concrete columns: Investigation of size and slenderness effects[J]. Journal of Composites for Construction, ASCE, 2004, 8(4): 323-331.

[4] NEVILLE A M. Properties of concrete[M]. Essex:Longman Group Ltd, 1995.

[5] YOUSSEF M N. Stress-strain model for concrete confined by FRP composites[D]. OAKLAND:University of California, 2003.

[6] YOUSSEF M N, FENG Q, MOSALLAM A S. Stress-strain model for concrete confinedby FRP composites[J]. Composites Part B: Engineering, 2007, 38(5-6): 614-628.

[7] WANG Y F, WU H L. Size effect of concrete short columns confined with aramid FRP jackets[J]. Journal of Composites for Construction, ASCE, 2011, 15(4): 535-544.

[8] LIANG M, WU Z M, UEDA T, et al. Experiment and modeling on axial behavior of carbon fiber reinforced polymer confined concrete cylinders with different sizes[J]. Journal of Reinforced Plastics and Composites, 2012, 31(6): 389-403.

[9] YEH F Y, CHANG K C. Confinement efficiency and size effect of FRP confined circular concrete columns[J]. Structural Engineering and Mechanics, 2007, 26(2): 127-150.

[10] ELSANADEDY H M, AL-SALLOUM Y A, ALSAYED S H, et al. Experimental and numerical investigation of size effects in FRP-wrapped concrete columns[J]. Construction and Building Materials, 2012, 29(4): 56-72.

[11] SILVA M A G, RODRIGUES C C. Size and relative stiffness effects on compressive failure of concrete columns wrapped with glass FRP[J]. Journal of Materials in Civil Engineering, ASCE, 2006, 18(3): 334-342.

[12] ISSA M A, ALROUSAN R Z, ISSA M A. Experimental and parametric study of circular short columns confined with CFRP composites[J]. Journal of Composites for Construction, ASCE, 2009, 13(2): 135-147.

[13] 童谷生,刘永胜,邱虎,等. BFRP 约束钢筋混凝土轴压圆柱的尺寸效应研究[J]. 功能材料,2009,40(12):2044-2046.

[14] 童谷生,刘永胜. BFRP 约束几何相似钢筋混凝土圆柱的性能研究[J]. 南京林业大学学报,2011,35(1):83-86.

[15] 黄学杰. BFRP 加固钢筋混凝土混凝土圆柱轴压力学性能尺寸效应研究[D]. 南昌:华东交通大学,2008.

[16] ROCCA S, GALATI N, NANNI A. Experimental evaluation of FRP strengthening of real size reinforced concrete columns [R]. Missouri: University of Missouri-Rolla, 2005.

[17] ROCCA S. Experimental and analytical evaluation of FRP-confined large size reinforced concrete columns[D]. Rolla: University of Missouri,2007.

[18] ROCCA S, GALATI N, NANNI A. Experimental evaluation of noncircular reinforced concrete columns strengthened with CFRP[C]. Alkhrdahi T, Silva P. Seismic strengthening of concrete buildings using FRP composites. New York: ACI, 2007, 37-56.

[19] TOUTANJI H, HAN M, GILBERT J,et al. Behavior of large-scale rectangular columns confined with FRP composites[J]. Journal of Composites for Construction, ASCE, 2010, 14(1): 62-71.

[20] LUCA A D,NARDONE F, MATTA F, et al. Structural evaluation of full-scale FRP-confined reinforced concrete columns[J]. Journal of Composites for Construction, ASCE, 2011, 15(1): 112-123.

[21] LAM L, TENG J G. Design-oriented stress-strain model for FRP-confined concrete in rectangular columns[J]. Journal of Reinforced Plastics and Composites, 2003, 22(13): 1149-1185.

[22] BAŽANT Z P, KWON Y W. Failure of slenderness and stocky reinforced columns: tests of size effects[J]. Materials and Structures, 1994, 27(2): 79-90.

[23] BROCCA M,BAŽANT Z P. Size effect in concrete columns: finite-element analysis with microplane model[J]. Journal of Structural Engineering, ASCE, 2001, 127(12): 1382-1390.

[24] NĚMECEK J, BITTNAR Z. Experimental investigation and numerical simulation of

post-peak behavior and size effect of reinforced concrete columns[J]. Materials and Structures, 2004, 37(3): 161-169.

[25] ŞENER S, BARR B I G, ABUSIAF H F. Size effect in axially loaded reinforced concrete columns [J]. Journal of Structural Engineering, ASCE, 2004, 130 (4): 662-670.

[26] 杜修力,符佳,张建伟.钢筋混凝土柱轴心受压性能尺寸效应的大比尺试验研究[J].土木工程学报,2010,43(s2):1-8.

[27] 杜修力,符佳,张建伟,等.钢筋高强混凝土柱轴压性能尺寸效应试验[J].北京工业大学学报,2012,38(10):1491-1497.

[28] 班圣龙.箍筋约束混凝土性能的尺寸效应试验研究[D].大连:大连理工大学,2011.

[29] MASIA M J, GALE T N, SHRIVE N G. Size effects in axially loaded square-section concrete prisms strengthened using carbon fiber reinforced polymer wrapping[J]. Canadian Journal of Civil Engineering, 2004, 31(1): 1-13.

[30] 童谷生,刘永胜,吴秋兰.玄武岩纤维布约束混凝土方柱的尺寸效应研究[J].混凝土,2009(233):6-8.

[31] WANG Y F, WU H L. Size effect of concrete short columns confined with aramid FRP jackets[J]. Journal of Composites for Construction, ASCE, 2011, 15(4): 535-544.

[32] 吴寒亮.芳纶纤维布约束混凝土短柱的尺寸效应研究与多尺度分析[D].北京:北京交通大学,2010.

[33] 中国建筑科学研究院.混凝土结构设计规范:GB 50010—2002[S].北京:中国建筑工业出版社,2002.

[34] BAŽANT. Size effect in blunt fracture: concrete, rock, metal[J]. Journal of Engineering Mechanics, ASCE, 1984, 110(4): 518-535.

[35] KIM J K, YI S T, PARK C K, et al. Size effect on compressive strength of plain and spirally reinforced concrete cylinders[J]. ACI Structural Journal, 1999, 96(1): 88-94.

[36] RESTREPO J I, DE VINO B. Enhancement of the axial load-capacity of reinforced concrete columns by means of fiber glass-epoxy jackets[C]. Proceedings of 2nd International Conference on Advanced Composite Materials in Bridges and Structures, Montréal, 1996: 547-553.

[37] MIRMIRANA, SHAHAWY M, SAMAAN M, et al. Effect of column parameters on FRP-confined concrete[J]. Journal of Composites for Construction, ASCE,

1998, 2(4): 175-185.

[38] AMERICAN CONCRETE INSTITUTE (ACI) COMMITTEE 440. Guide for the design and construction of externally bonded FRP systems for strengthening concrete structures[S]. Technical Committee Document No. 440. 2R-02, Detroit, 2002.

[39] SHEHATA L A E M, CARNEIRO L A V, SHEHATA L C D. Strength of short concrete columns confined with CFRP sheets[J]. Material and Structures, 2002, 35 (1): 50-58.

[40] CAMPIONE G, MIRAGLIA N. Strength and strain capacities of concrete compression members reinforced with FRP[J]. Cement and Concrete Composites, 2003, 25 (1): 31-41.

[41] ILKI A, KUMBASAR N, KOC V. Low strength concrete members externally confined with FRP sheets[J]. Structural Engineering and Mechanics, 2004, 18(2): 167-194.

[42] AL-SALLOUM Y A. Influence of edge sharpness on the strength of square concrete columns confined with FRP composite laminates[J]. Composites, Part B, 2007, 38 (5-6): 640-650.

[43] KUMUTHA R, VAIDYANATHAN R, PALANICHAMY M S. Behaviour of reinforced concrete rectangular columns strengthened using GFRP[J]. Cement Concrete Composite, 2007, 29(8): 609-615.

[44] MANDER J B, PRIESTLEY M J N, PARK R. Theoretical Stress-Strain Model for Confined Concrete[J]. Journal of Structural Engineering, ASCE, 1988, 114(8): 1804-1826.

[45] WU Y F, WANG L M. Unified strength model for square and circular concrete columns confined by external jacket[J]. Journal of Structural Engineering, ASCE, 2009, 135(3): 253-261.

[46] GUNAWAN L. Ultimate strength of plain concrete subjected to triaxial stresses [D]. Chicago: Illinois Institute of Technology, 2003.

[47] FRALDI M, NUNZIANTE L, CARANNANTE F, et al. On the prediction of the collapse load of circular concrete columns confined by FRP[J]. Engineering Structure, 2008, 30(12): 3247-3264.

[48] PELLEGRINO C, MODENA C. Analytical model for FRP confinement of concrete columns with and without internal steel reinforcement[J]. Journal of Composites for Construction, ASCE, 2010, 14(6): 693-705.

[49] WU Y F, ZHOU Y W. Unified strength model based on Hoek-Brown failure criterion for circular and square concrete columns confined by FRP[J]. Journal of Composites for Construction, ASCE, 2010, 14(2): 175-184.

[50] LEE C S, HEGEMIER G A. Model of FRP-confined concrete cylinders in axial compression[J]. Journal of Composites for Construction, ASCE, 2009, 13(5): 442-454.

[51] PHAM T, HADI M. Stress Prediction Model for FRP Confined Rectangular Concrete Columns with Rounded Corners[J]. Journal of Composites for Construction, ASCE, 2013, 18(1): 538-565.

[52] TAYFUR G, ERDEM T K, KıRCA Ö. Strength Prediction of High-Strength Concrete by Fuzzy Logic and Artificial Neural Networks[J]. Journal of Materials in Civil Engineering, ASCE, 2014, 26(11): 1-7.

[53] MOHR O. Welche umstände bedingen die elastizitätsgrenze und den bruch eines materials[J]. Zeitschrift des Vereins Deutscher Ingenieure, 1900:1524.

[54] HOEK E, BROWN E T. Empirical strength criterion for rock masses[J]. Journal of Geotechnical Engineering Division, 1980, 106(GT9): 1013-1035.

[55] SPOELSTRA M R, MONTI G. FRP-confined concrete model[J]. Journal of Composites for Construction, ASCE,1999, 3(3): 143-150.

[56] PANTAZOPOULOU S J, MILLS R H. Microstructural aspects of the mechanical response of plain concrete[J]. ACI Materials Journal, 1995, 92(6): 605-616.

[57] CAREY S A, HARRIES K A. Axial behavior and modeling of confined small-, medium-, and large-scale circular sections with carbon fiber-reinforced polymer jackets [J]. ACI Structural Journal, 2005, 102(4): 596-604.

[58] HARRIES K A, KHAREL G. Behavior and modeling of concrete subject to variable confining pressure[J]. ACI Materials Journal, 2002, 99(2): 180-189.

[59] POPOVICS S. Numerical approach to the complete stress-strain relation for concrete [J]. Cement and Concrete Research, 1973, 3(5): 583-599.

[60] THORENFELDT E, TOMASZEWICZ A, JENSEN J J. Mechanical Properties of High Strength Concrete and Application in Design[C]. Proceedings of the Symposium on Utilization of High Strength Concrete, Tapir, Trondheim, Norway, 1987: 149-159.

[61] COLLINS M P, PORASZ A. Shear Strength Design for High Strength Concrete [R]. [s. l.] :CEB Bulletin d'Information, 1989.

[62] SAMDANI S, SHEIKH S A. Analytical study of FRP-confined concrete columns

[C]. Fourth International Conference on Concrete under Severe Conditions, CONSEC'04, Seoul, South Korea, 2004: 27-30.

[63] PUNSHI V, SHEIKH S A. Non-linear analysis of circular FRP-confined concrete columns using finite-element methods[R]. Toronto: University of Toronto, 2003.

[64] VECCHIO F J. Finite Element Modelling of Concrete Expansion and Confinement [J]. Journal of Structural Engineering, ASCE, 1992, 118(9): 2390-2406.

[65] MARQUES S P M, MARQUES D C S M, SILVA J L, et al. Model for analysis of short columns of concrete confined by fiber-reinforced polymer[J]. Journal of Composites for Construction, ASCE, 2004, 8(4): 332-340.

[66] TENG J G, LAM L. Behavior and modeling of fiber-reinforced polymer-confined concrete[J]. Journal of Structural Engineering, ASCE, 2004, 130(11): 1713-1723.

[67] TENG J G, HUANG Y L, LAM L, et al. Theoretical model for fiber reinforced polymer-confined concrete [J]. Journal of Composites for Construction, ASCE, 2007, 11(2): 201-210.

[68] JIANG T, TENG J G. Analysis-oriented stress - strain models for FRP - confined concrete[J]. Engineering Structure, 2007, 29(11): 2968-2986.

[69] XIAO Q G, TENG J G, YU T. Behavior and modeling of confined high-strength concrete[J]. Journal of Composites for Construction, ASCE, 2010, 14(3): 249-259.

[70] KARABINISA I, ROUSAKIS T C. Concrete confined by FRP materials: a plasticity approach [J]. Engineering Structure, 2002, 24(7): 923-932.

[71] ROUSAKIS T C, KARABINIS A I, KIOUSIS P D. FRP-confined concrete members: Axial compression experiments and plasticity modeling[J]. Engineering Structure, 2007, 29(7): 1343-1353.

[72] ROUSAKIS T C, KARABINIS A I, KIOUSIS P D, et al. Analytical modelling of plastic behaviour of uniformly FRP confined concrete members[J]. Composites, Part B: Engineering, 2008, 39(7-8): 1104-1113.

[73] ATTARDM M, SETUNGE S. Stress-strain relationship of confined and unconfined concrete[J]. ACI Materials Journal, 1996, 93(5): 432-442.

[74] SAMAAN M, MIRMIRAN A, SHAHAWY M. Model of concrete confined fiber composite[J]. Journal of Structural Engineering, ASCE, 1998, 124(9): 1025-1031.

[75] RICHARD R M, ABBOTT B J. Versatile elastic-plastic stress-strain fonnula[J]. Journal of Engineering Mechanics, ASCE, 1975, 101(4): 511-515.

[76] SHAHAWY M. MIRMIRAN A, BEITELMAN T. Tests and modeling of carbon-

wrapped concrete columns[J]. Composites, Part B: Engineering, 2000, 31(6-7): 471-480.

[77] ALMUSALLAM T H. Behavior of normal and high-strength concrete cylinders confined with E-glass/epoxy composite laminates[J]. Composites Part B: Engineering, 2007, 38 (5): 629-639.

[78] 肖岩,吴徽,陈宝春. 碳纤维套箍约束混凝土的应力-应变关系[J]. 工程力学,2002,19 (2):154-159.

[79] 于清. 轴心受压 FRP 约束混凝土的应力-应变关系研究[J]. 工业建筑,2001,31 (4): 5-8.

[80] LAM L, TENG J G. Design-oriented stress-strain model for FRP-confined concrete [J]. Construction and Building Materials, 2003, 17(6-7):471-489.

[81] TENG J G, JIANG T, LAM L, et al. Refinement of a design-oriented stress-strain model for FRP-confiend concrete[J]. Journal of Composites for Construction, ASCE, 2009, 13(4), 269-278.

[82] 刘明学,钱稼茹. FRP 约束圆柱混凝土受压应力-应变关系模型[J]. 土木工程学报, 2006,39(11):1-6.

[83] 吴刚,吕志涛. FRP 约束混凝土圆柱无软化段时的应力-应变关系研究[J]. 建筑结构学报,2003,24 (5):1-9.

[84] 吴刚,吴智深,吕志涛. FRP 约束混凝土圆柱有软化段时的应力-应变关系研究[J]. 土木工程学报,2006,39(11):7-14.

[85] 敬登虎. 纤维增强复合材料约束下的圆形混凝土柱应力-应变全曲线简化模型[J]. 建筑科学,2005,21(2):8-11.

[86] 黄龙男,张东兴,王荣国. 玻璃钢管柱轴心受压本构关系研究[J]. 武汉理工大学学报, 2002,24 (7):31-34.

[87] 黄龙男,张东兴,李地红. 轴向受压 CFRP 管混凝土柱的膨胀模型及应力-应变关系 [J]. 复合材料学报,2006,23(1):112-116.

[88] 梁猛,李明海,王伟,等. FRP 约束混凝土圆柱应力-应变关系模型[J]. 建筑结构,2016, 46(S):55-62.

[89] 中冶集团建筑研究总院国家工业建筑诊断与改造工程技术研究中心,广东泛达化工有限公司. 结构加固修复用碳纤维片材:GB/T 21490—2008 [S]. 北京:中国标准出版社,2002.

[90] 四川省建筑科学研究院. 混凝土结构加固设计规范:GB 50367—2013[S]. 北京:中国建筑工业出版社,2013.

[91] OTTOSEN N S. A failure criterion for concrete[J]. Journal of Engineering Mechanics of Division, ASCE, 1977, 103(4):527-535.

[92] WILLAM K J, WARNKE E P. Constitutive model for the triaxial behavior of concrete[J]. IABSE Proceedings, 1975(19):1-30.

[93] FAN S C, WANG F. A new strength criterion for concrete[J]. ACI Structural Journal, 2002, 99(3): 317-326.

[94] CHEN W F. Plasticity in reinforced concrete[M]. New York:McGraw-Hill, 1982.

[95] CHEN W F, HAN D J. Plasticity for structural engineers[M]. New York:Springer, 1988.

[96] KARBHARI V M, GAO Y Q. Composite Jacketed concrete underuniaxial compression-verification of simple design equations[J]. Journal of Materials in Civil Engineering, ASCE, 1997, 9(4): 185-193.

[97] ARIOGLU N, GIRGIN Z C, ARIOGLU E. Evaluation of the Ratio between Splitting Tensile Strength and Compressive Strength for Concretes up to 120 MPa and its Application in Strength Criterion[J]. ACI Materials Journal, 2006, 103(1): 18-24.

[98] LAM L, TENG J G. Ultimate condition of fiber reinforced polymer-confined concrete[J]. Journal of Composites for Construction, ASCE, 2004, 8(6): 539-548.

[99] MATTHYS S, TOUTANJI H, AUDENAERT K, et al. Axial load behavior of large-scale columns confined with fiber-reinforced polymer composites[J]. ACI Structural Journal, 2005, 102(2): 258-267.

[100] REALFONZO R, NAPOLI A. Concrete confined by FRP systems: confinement efficiency and design strength models[J]. Composites Part B: Engineering, 2011, 42(4): 736-755.

[101] PESSIKI S, HARRIES K A, KESTNER J T, et al. Axial behavior of reinforced concrete columns confined with FRP jackets[J]. Journal of Composites for Construction, ASCE, 2001, 5(4): 237-245.

[102] HARRIES K A, CAREY S A. Shape and ''gap'' effects on the behavior of variably confined concrete[J]. Cement and Concrete Research, 2003, 33(6): 881-890.

[103] CUIC Y, SHEIKH S A. Experimental study of normal- and high-strength concrete confined with fiber-reinforced polymers[J]. Journal of Composites for Construction, ASCE, 2010, 14(5): 553-561.

[104] ROCCA S, GALATI N, NANNI A. Review of design guidelines for FRP confinement of reinforced concrete columns of noncircular cross-sections[J]. Jour-

nal of Composites for Constructions, ASCE, 2008, 12(1): 80-92.

[105] ROCHETTEP, LABOSSIÈRE P. Axial testing of rectangular column models confined with composites[J]. Journal of Composites for Construction, ASCE, 2000, 4(3): 129-136.

[106] XIAO Y, WU H. Compressive behavior of concrete confined by carbon fiber composite jackets[J]. Journal of Materials in Civil Engineering, ASCE, 2000, 12(2): 139-146.

[107] BERTHET J F, FERRIER E, HAMELIN P. Compressive behavior of concrete externally confined by composite jackets. Part A: experimental study[J]. Construction and Building Materials, 2005, 19(3): 223-232.

[108] COMBER M, PHILLIPPI D, LEE C S, et al. Uniaxial compression tests on full-scale CFRP-confined columns: Report of testing results[R]. La Jolla:Report Prepared for Structural Engineering Department, UCSD, 2008.

[109] OWEN L M. Stress-strain behavior of concrete confined by carbon fiber jacketing[D]. Seattle:University of Washington, 1998.

[110] MASTRAPA J C. The effect of construction bond on confinement with FRP composites[D]. Orlando: University of Central Florida,1997.

[111] FAHMY M F M, WU Z S. Evaluation and proposing models of circular concrete columns confined with different FRP composites[J]. Composites Part B: Engineering, 2010, 41 (3): 199-213.

[112] GIRGIN Z C, ARIOGLU N, ARIOGLU E. Evaluation of strength criteria for very-high-strength concretes under triaxial compression[J]. ACI Structural Journal, 2007, 104(3): 278-284.

[113] FARDIS M N, KHALILI H H. FRP-encased concrete as a structural material[J]. Magazine of Concrete Research, 1982, 34(121): 191-202.

[114] TOUTANJI H A. Stress-strain characteristics of concrete columns externally confined with advanced fiber composite sheets[J]. ACI Materials Journal, 1999, 96(3): 397-404.

[115] MIRMIRAN A, SHAHAWY M. Behavior of concrete columns confined by fiber composite[J]. Journal of Structural Engineering, ASCE, 1997, 123(5): 583-590.

[116] ROUSAKIS T C, KARABINIS A I. Substandard reinforced concrete members subjected to compression: FRP confining effects[J]. Material and Structures, 2008, 41(9): 1595-1611.

[117] MIYAUCHI K, INOUE S, KURODA T, et al. Strengthening effects of concrete columns with carbon fiber sheet[J]. Transactions of Japan Concrete Institute, 1999 (21): 143-150.

[118] LAM L, TENG J G. Design-oriented stress-strain model for FRP-confined concrete [J]. Construction and Building Materials, 2003, 17(6-7): 471-489.

[119] SAAFI M, TOUTANJI H A, LI Z J. Behavior of concrete columns confined with fiber reinforced polymer tubes[J]. ACI Materials Journal, 1999, 96(4):500-510.

[120] HARAJLI M H. Axial stress-strain relationship for FRP confined circular and rectangular concrete columns[J]. Cement and Concrete Composites, 2006, 28(10): 938-948.

[121] GIRGIN Z C. Modified failure criterion to predict ultimate strength of circular columns confined by different materials[J]. ACI Structural Journal, 2009, 106(6): 800-809.

[122] WANG Z Y, WANG D Y, SMITH S T, et al. CFRP-confined square RC columns. I: Experimental investigation[J]. Journal of Composites for Construction, ASCE, 2012, 16(2): 150-160.

[123] WANG Z Y, WANG D Y, SMITH S T, et al. CFRP-confined square RC columns. II: Cyclic axial compression stress-strain model[J]. Journal of Composites for Construction, ASCE, 2012, 16(2): 161-170.

[124] 中国建筑科学研究院. 混凝土结构设计规范:GB 50010—2010[S]. 北京:中国建筑工业出版社,2010.

[125] 陆新征,张万开,李易,等. 方钢管混凝土短柱轴压承载力尺寸效应[J]. 沈阳建筑大学学报(自然科学版), 2012, 28(6): 974-980.

[126] CROCO G, AYALA D, ASDIA P,etc. Analysis on Shear Walls Reinforced with FJ ber[C]. IABSE Symp on Safety and Quality Assurance of Civil Engineering Structures. Tokyo: IABSE, 1987: l25-132.

[127] EHSANI M R, SAADATMANESH H. Shear Behavior of URM Retrofitted with FRPOverlays[J]. Journal of Compositesfor Construction, ASCE, 1997, 1(1): 17-25.

[128] THANASIS C. TRIANTAFILLOU. Strengthening of masonry structures using epoxy-bonded FRP laminates[J]. Journal of Composites for Construction, ASCE, 1998, 2(2): 96-104.

[129] KIANG HWEE TAN, M K H PATOARY. Strengthening of masonry walls

against out-of-plane loads using fiber-reinforced polymer reinforcement [J]. Journal of Composites for ConstructSion, ASCE, 2004, 8(1): 79-87.

[130] ASAL SALIH ODAY, LI YINGMIN, MOHAMMAD AGHA HOUSSAM. Experimental Study on Seismic Behavior before and after Retrofitting of Masonry Walls Using FRP Laminates[C]. Proceedings of the 5th International Conference on FRP Composites for in Civil Engineering. China September, 2010: 939-942.

[131] CORRADI M, GRAZINI A, BORRI A. Confinement of brick masonry columns with CFRP materials[J]. Composites Science and Technology, 2007, 67(9): 1772 - 1783.

[132] MARIA ANTONIETTA AIELLO, FRANCESCO MICELLI, LUCA VALENTE. FRP Confinement of Square Masonry Columns[J]. Journal of Composites for Construction, ASCE, 2009, 13(2): 148-158.

[133] VALERIO ALECCI, SILVIA BRICCOLI BATI, GIOVANNA RANOCCHIAI. Study of Brick Masonry Columns Confined with CFRP Composite[J]. Journal of Composites for Construction, ASCE, 2009, 13(32): 179-187.

[134] THEOFANIS D. KREVAIKAS, THANASIS C. Triantafillou. Masonry Confinement with Fiber-Reinforced Polymers[J]. Journal of Composites for Construction, ASCE, 2005, 9 (2): 128-135.

[135] 林磊,叶列平. FRP 加固砖砌体墙的试验研究与分析[J]. 建筑结构,2005,35(3): 21-27.

[136] 黄奕辉,陈华艳,罗才松. 玻璃纤维布包裹加固砖柱轴压试验研究与极限承载力分析[J]. 建筑结构学报,2009,30(2):136-142.

[137] 刘明,龚苏平,刘新强,等. FRP 加固砖砌体抗压强度的试验[J]. 沈阳建筑大学学报(自然科学版)[J]. 2006,22(5):732-735.

[138] 陈华艳,罗才松,黄奕辉,等. 截面尺寸对玻璃纤维包裹加固砖柱效果的影响[J]. 福建建筑工程学院学报,2010,8(3):214-217.

[139] 阮积敏. 普通玻璃纤维布加固多孔砖砌体的试验研究[D]. 杭州:浙江大学,2003.

[140] 罗才松. 璃纤维布加固砖砌体的轴压性能试验研究[D]. 泉州:华侨大学,2006.

[141] 由世岐,刘新强,刘斌. GFRP 加固实心黏土砖轴心受压短柱的试验研究[J]. 混凝土,2008(2):70-73.

物理量名称及符号表

符号	名称	符号	名称
A_c	混凝土柱截面面积，mm^2	V	混凝土柱体积，m^3
A_e	混凝土方柱有效截面面积，mm^2	ΔV	混凝土柱的体积变化，m^3
A_g	混凝土方柱倒角后的截面面积，mm^2	γ_U	强度模型中的尺寸效应系数
B	混凝土方柱截面边长，mm	ε_c	混凝土轴向压应变
c	黏聚力，kN	ε_{cc}	约束混凝土柱轴向极限压应变
D	混凝土圆柱直径，mm	ε_{co}	未约束混凝土柱抗压强度对应的压应变
E_2	混凝土柱应力应变关系第二段的斜率，MPa	ε_f	FRP 条形拉伸试验(Coupon test)测得的极限拉应变
E_c	混凝土弹性模量，MPa	$\varepsilon_{j,u}$	混凝土柱外包 FRP 环箍的实际拉断应变
E_f	FRP 弹性模量，MPa	ε_l	混凝土柱的侧向应变
f'_c	混凝土单轴抗压强度，MPa	ε_t	混凝土应力应变关系转折点处的压应变
f'_{co}	未约束混凝土柱抗压强度，MPa	ε_V	混凝土柱的体积应变
f'_{cc}	约束混凝土柱抗压强度，MPa	κ_a	钢筋混凝土柱的形状系数
f_l	名义侧向约束力(MPa)，由 FRP 条形拉伸试验值 ε_f 计算得到	κ_ε	FRP 的应变有效系数
$f_{l,e}$	FRP 对混凝土方柱侧向产生的有效约束力(MPa)，其中 FRP 极限拉应变为实际拉断应变 $\varepsilon_{j,u}$	ρ	混凝土方柱角部影响系数/$(2r_c/B)$
$f_{l,f}$	FRP 约束产生的侧向约束力，MPa	ρ_f	FRP 的约束体积率
$f_{l,j}$	FRP 对混凝土圆柱侧向产生的有效约束力(MPa)，其中 FRP 极限拉应变为实际拉断应变 $\varepsilon_{j,u}$	σ	正应力，MPa
f'_t	混凝土单轴抗拉强度，MPa	σ_1	第一主应力(也称最大主应力)，MPa
f_y	钢筋屈服强度，MPa	σ_2	第二主应力(也称中间主应力)，MPa
H	混凝土柱高度，mm	σ_3	第三主应力(也称最小主应力)，MPa
n_f	FRP 层数	σ_c	混凝土压应力，MPa
N_p	混凝土柱极限承载力，kN	σ_t	混凝土应力应变关系转折点处的压应力，MPa
r_c	方柱倒角半径，mm	τ	最大剪应力，MPa
t_f	FRP 厚度，mm	φ	内摩擦角，(°)